Friedhelm Bergmann

Cockpit Live

Auf Langstrecke unterwegs
mit einer Condor B767-300

Friedhelm Bergmann

Cockpit Live

Auf Langstrecke unterwegs mit einer Condor B767-300

AVIATIC VERLAG

ISBN: 978-3-925505-94-2

Fotos: Friedhelm Bergmann (62)

Gestaltung und Satz:
Ruth Kammermeier, München

Druck und Bindung:
Druckerei Stürtz GmbH, Würzburg

Printed in Germany

Inhalt

Vorwort

Millionen Passagiere reisen täglich mit dem Flugzeug. Auf die Frage anschließend „Hatten Sie einen guten Flug?" wird meist nur in Bezug auf den Service und den Sitzkomfort und vielleicht noch den direkten Nachbarn geantwortet. Denn ein Großteil von ihnen ist lediglich an einer sicheren, pünktlichen sowie komfortablen Ankunft am Zielort interessiert und setzt dabei voraus, dass die gewählte Airline Entsprechendes gewährleistet. Für die übrigen Reisenden und für Interessenten der zivilen Luftfahrt im Allgemeinen sind Flugzeuge aber mehr als nur schnelle Verkehrsmittel. Faszination an der Technik und den Verfahren, die es ermöglichen, jeweils mehrere hundert Passagiere tausende Kilometer nonstop über Kontinente hinweg zu befördern, steht für sie im Vordergrund. Ihnen werden in diesem Buch nicht nur die vielfältigen Hintergründe vermittelt, die es überhaupt ermöglichen, einen Langstreckenflug durchführen zu können, sondern auch umfangreiche Einblicke hinter die verschlossene Cockpittüre während eines Routinefluges gewährt. Gemeinsam wollen wir einer Condor Cockpitcrew von ihrer Flugvorbereitung bis zum abschließenden Debriefing über die Schulter schauen und mit einem Blick hinter die Kulissen des Urlauberfluges auch gleichzeitig die Geheimnisse einer Transatlantiküberquerung lüften.

In der zivilen Luftfahrt hat sich enorm viel geändert, und seit ihrem schwärzesten Tag – dem 11. September 2001 – mit seinen menschenverachtenden Terroranschlägen in den USA spricht man auch von der „Zeit davor und danach". Die „Zeit danach" hat alles Vertraute und bis dahin Bewährte in Frage gestellt, so dass die zuständigen Luftfahrtverantwortlichen etliche operative Verfahren, Abläufe und Vorschriften völlig neu

bewerten und entsprechend der jeweiligen Sicherheitslage anpassen mussten. Bedauerlicherweise, aber in logischer Konsequenz der Ereignisse, ist daher heute das Cockpit eines Verkehrsflugzeuges zu einem Hochsicherheitstrakt mutiert und die ansonsten während eines langen Fluges allseits beliebten Kurzbesuche interessierter Passagiere vorne in der Pilotenkanzel werden wohl noch eine ganze Weile verwehrt bleiben.

Umso dankbarer bin ich Condor-Flugbetriebsleiter Kapitän Christian Netzeband, dass ich die selbst für Zuverlässigkeits- sowie Sicherheits-überprüfte Lufthansa-Konzernangestellte notwendig gewordene „Cockpit Aufenthaltsberechtigung" des Luftfahrtbundesamtes erhalten habe. Mir wurde es somit ermöglicht, die Besatzung auf einem fünftägigen Langstreckenumlauf zu begleiten. Unser Routing führte von München nach Varadero auf Kuba und einige Tage später zurück nach Frankfurt, wobei Sie als Leser den Hinflug in das karibische Urlaubsparadies in diesem Buch hautnah miterleben können.

Condor, Thomas Cook, Lufthansa Systems FlightNav Inc. Zürich, LSG Sky Chefs, LFT Lufthansa Flight Training GmbH, NATS Shanwick OACC, sowie Mr. John Power (Irish Aviation Authority), Herr Martin Köppl (Medienbeauftragter DFS Deutsche Flugsicherung GmbH München) und die FMG Flughafen München GmbH haben mich bei der Recherche zu dem Buch in wunderbarer Art und Weise unterstützt.

Ein besonderer Dank meinerseits richtet sich an meine Frau Claudia, an Elisabeth und Roland Peter sowie an die Condor-Piloten Christian Heidl, Konrad Geltinger und natürlich an die Münchner „On Duty"-Crew unseres Condor-Fluges DE 2188 München – Varadero:

Kapitän: Markus Koch
Kopilot: Andreas Meissnest
(Condor Berlin Kopilot: Jan-Paul Drewes)
Purserette: Marion Schneider
Flugbegleiter: Aire Petz, Nicole Schlüter, Simone Dettweiler, Martina Nauerth, Charlotte Thomae und Malin Zackrisson.

Condor Flugbetrieb in Kelsterbach
Operations Control Center (OCC) für die Flugplanung

Um 269 sonnenhungrige Gäste zu ihrem über 8800 km entfernten Urlaubsziel in der Karibik zu fliegen, werden neben einer ausgefeilten Logistik eine ganze Reihe hoch qualifizierter Spezialisten der unterschiedlichsten Fachbereiche benötigt. Der Beruf des Piloten im Cockpit genießt dabei sicherlich den größten Bekanntheitsgrad. Aber nicht nur die für Passagiere an Bord fortwährend sichtbare Besatzung sowie Check-in-Mitarbeiter am Airport tragen zum Erfolg eines Fluges bei. Denn auch das meist hinter den Kulissen agierende operative Catering-, Belade-, Technik- und Reinigungspersonal sowie zahlreiche Fluglotsen, Dispatcher usw. sorgen immer wieder als jeweils wichtige Zahnräder im Getriebe für einen störungsfreien Gesamtablauf.

Der Vorteil eines technisch einwandfreien Flugzeuges würde sehr schnell verblassen, sollten auf einem längeren Flug die Essen ungenießbar sein, der Gast sich in einer unzureichend gereinigten Kabine eher unwohl fühlen oder die Koffer nicht wie gewünscht mit dem Passagier zusammen den Zielort erreichen.

Lassen wir den heutigen Flug im Condor OCC in unmittelbarer Nähe des Frankfurter Flughafens beginnen. Hier schlägt das Herz des Flugbetriebes. Und das rund um die Uhr im Dreischichtbetrieb an 365 Tagen im Jahr. Gesteuert werden über das OCC insgesamt 34 Flugzeuge der Typen Boeing B757 und B767, sowie Airbus A320. Tagtäglich werden bis zu 150 Flüge weltweit betreut. 72 Stunden

vor dem Abflug übernimmt das OCC die Verantwortung für ein Flugereignis. Jeweils zwei Verkehrsleiter der Verkehrszentrale, zwei Dispatcher der Flugdienstberatung, zwei Disponenten des Besatzungseinsatzes und ein Technikingenieur für den Flugzeugeinsatz ziehen geschickt die Fäden, um eine reibungslose Operation zu gewährleisten. Die räumliche Nähe in diesem Großraumbüro stellt eine spürbare Erleichterung dar, um bereichsübergreifende Entscheidungen ohne Zeitverzug treffen zu können. „Flugzeug für längere Zeit AOG (Aircraft on Ground) nach Vogelschlag in Montego Bay! Ferryflug (Leerflug) einer Ersatzmaschine notwendig!"

Operations Control Center OCC © Condor

„Nicht angekündigter Streik spanischer Fluglotsen macht Rückflug von den Kanaren nach Deutschland unmöglich, da die Crew aus ihrer maximalen Dienstzeit fällt!" „Nordosten der Karibik aufgrund eines Hurrikans für mindestens 24 Std. nicht anfliegbar" ... und so weiter, lauten auszugsweise Meldungen, die den Flugbetrieb bei der in Deutschland wohl bekanntesten Urlauberfluglinie immer wieder beeinflussen und die Mitarbeiter des OCC mit neuen Herausforderungen konfrontieren. Langweilige Routine? Mitnichten! Abwechslung? Garantiert! Ohne EDV geht aber bei dieser hochkomplexen und sensiblen Steuerung natürlich nur sehr wenig, und so wird der Status eines jeden Flugzeuges über verschiedenfarbige Balken auf den Monitoren angezeigt. Grün bedeutet: die Maschine steht planmäßig am Airport. Blau sorgt merklich für Entspannung, da die Maschine zur Zeit in der Luft ist und Geld verdient.

Sorgenfalten legen sich erst bei den Farben Gelb und Rot auf die Stirne der Verkehrsleiter, da hierbei schnelles und umsichtiges Handeln erforderlich ist. Entscheidungen haben weitreichenden Einfluss, denn um stundenlange Verspätungen eines Flugzeuges aufzufangen, werden jeweils mehrere Szenarien durchgespielt. Kann eine neue Maschine in den Umlauf eingespielt werden? Muss der Flug unter Umständen annulliert und die Passagiere umgebucht werden? Ist es notwendig, vor Ort ein Hotel für die Fluggäste zu buchen? Verschiedenste Varianten sind möglich, wobei sehr oft der Besatzungseinsatz mit involviert ist. Denn gerade bei Verspätungen schwebt das Damoklesschwert der maximal zulässigen Flugdienstzeit der Besatzung über allem. Spielraum gibt es dabei so gut wie keinen. Übermüdete Crews werden im Flugbetrieb nicht geduldet. Jeden Tag sitzen daher einige auf deutschen Airports stationierte Besatzungen im „Stand-by"

quasi auf gepackten Koffern und warten auf einen eventuellen Einsatz. Nicht ganz einfach, da vorher nicht bekannt ist, ob es nur ein schneller Umlauf nach Palma oder aber eine 5-Tagestour nach Fernost wird. Flexibilität und ein gut organisiertes Privatleben sind Berufsvoraussetzungen des fliegenden Personals. Zwei Tage vor Abflug tauchen die Flüge das erste Mal in der Flightlist des OCC auf. Hierbei kommen die Flugdienstberater der Flugwegplanung, kurz Dispatcher genannt, mit ersten Kalkulationen zum Flug ins Spiel.

Spätestens drei Stunden vor Abflug muss jeder Flug bei Eurocontrol – der übergeordneten europäischen Flugsicherungsbehörde – gemeldet sein, und somit raucht, rund vier Stunden bevor unser Flug DE 2188 in München abheben soll, bei dem für uns zuständigen Dispatcher Herrn Fuchs der Kopf. Er hat es nicht allzu leicht, den heutigen Flug über den Atlantik zu gestalten, denn es werden viele manuelle Eingriffe für den Trip notwendig. Der Grund ist folgender: Über Europa und den angrenzenden Ländern sowie zu Fernzielen, die überwiegend über Land geführt werden, existieren so genannte PREDs (Predefined Routes). Diese vordefinierten Flugstrecken sind als Standardrouten in Datenbanken der Flight Management Systeme im Cockpit hinterlegt

ist der kürzeste Weg zwischen zwei Punkten auf der Erdoberfläche. Am leichtesten führt man sich dieses vor Augen, indem mit einem Faden über einem Globus beispielsweise unsere beiden Airports München und Varadero verbunden werden.

Derselbe Faden würde über einer normalen planen Weltkarte, die keine Erdkrümmung berücksichtigt, einen deutlich anderen Verlauf des Fluges darstellen.

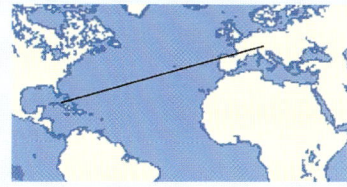

Dispatcher / Verkehrsleiter J. Fuchs. © Condor

Jetstream

Der Jetstream ist ein relativ schmales Starkwindband in der oberen Troposphäre. Er markiert die Grenzlinie zwischen zwei unterschiedlichen Luftmassen und konzentriert sich an einer nahezu horizontal verlaufenden Achse. Ein typisches Merkmal an ihm sind starke vertikale und horizontale Windscherungen (Windgeschwindigkeitsgradienten). Damit ein Starkwindband als Jetstream definiert wird, muss der Wind an wenigstens einer Stelle eine Mindestgeschwindigkeit von 30 m/s (etwa 60 Knoten oder gut 111 km/h) aufweisen. In Einzelfällen kann er durchaus Geschwindigkeiten von 150 m/s (rund 550 km/h) erreichen, und Werte um 300 km/h sind in der Praxis keine Seltenheit.

Schwächere Windbänder unterhalb 60 Knoten werden als kräftige Höhenströmung und nicht mehr als Jetstream definiert.

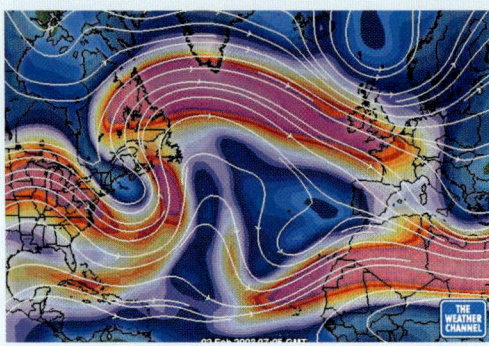

Jetstreams über dem Atlantik

sowie für eine Flugwegplanung bei den Dispatchern verfügbar. Über dem Nordatlantik jedoch würden PREDs keinerlei Sinn machen, da aufgrund der ständig wechselnden Wetterlagen die Flüge täglich einen anderen Verlauf nehmen. Es ist also nun die Aufgabe von Josef Fuchs, die jeweilige Flugroute mit EDV-Unterstützung und unter Rücksichtnahme vieler wichtiger Faktoren so optimal wie möglich zu gestalten und primär den vorhergesagten meteorologischen Bedingungen anzupassen. Der Computer wird dabei die Strecke so berechnen, dass sie dem Großkreis möglichst nahe kommt.

Zu Beginn der Vorbereitungen sind zahlreiche Daten und Infos, den Flug sowie das Flugzeug betreffend, zu sichten. Die Hold Item List (HIL), das ist die Liste mit den noch offenen technischen Beanstandungen der Maschine, gibt darüber Aufschluss, ob es operative Einschränkungen auf dem Flug mit der Maschine geben könnte. Da dies aber heute nicht der Fall ist, durchforstet Herr Fuchs nun die durch Eurocontrol Brüssel veröffentlichten und jeden Tag aktualisierten NOTAM (Notice To Airmen), in denen alle das jeweilige Fluggebiet betreffenden Änderungen, Abweichungen und Einschränkungen erfasst sind. Den NOTAMs können Dispatcher und Piloten entnehmen, ob z. B. aufgrund von Bauarbeiten eine Runway in Boston gesperrt ist, in Halifax kein Schlechtwetter-Anflug durchführbar ist, oder ob das Funkfeuer NEW 114.25 – Newcastle an der britischen Ostküste – aufgrund von Wartungsarbeiten zur Zeit abgeschaltet ist. Departure und Destination Airports sowie die Ausweichflughäfen am Zielort weisen heute auf keine allzu problematischen Einschränkungen hin. Lediglich das ILS (Instrumentenlandesystem) der Landebahn 06 (unsere wahrscheinliche Runway zur Landung in Varadero) ist nach Modifikationsarbeiten mit nachfolgendem Probebetrieb nur eingeschränkt nutzbar.

Die Großwetterlage über Europa und dem Atlantik wird anhand der Satellitenbilder und Wetterkarten des DWD (Deutscher Wetterdienst) studiert. Dabei lässt sich heute sehr schnell erkennen, dass dieser Flug eher nördlicher verlaufen wird als normal. Aufgrund der Erdrotation wehen die für die zivile Luftfahrt alles entscheidenden Höhenwinde über dem Nordatlantik von West nach Ost. Demzufolge wird nun eine Route mit möglichst geringen Gegenwinden zu erstellen sein. Allerdings wird für den Rückflug in östlicher Richtung später versucht werden, die stärksten Winde über 60 Knoten (Jetstreams) entsprechend zu nutzen. Der Zeitgewinn aufgrund extremer Rückenwinde beträgt bei einem Transatlantikflug Richtung Europa deutlich über eine Stunde. Eine der Windcharts für unsere spätere Flughöhe von Flight Level 370 (37000 Fuß) zeigt heute über dem Südwestteil des Nordatlantiks, also im letzten Drittel des Fluges, einen starken Höhenwind aus West. Auf einer entsprechend weiter südlich verlaufenden Route, über Portugal, an den Azoren sowie an den Bermudas vorbei, hätte unser Flug daher im letzten Abschnitt ständig eine Windkomponente von

Deutscher Wetterdienst (DWD)

Der DWD aus Offenbach stellt für die zivile Luftfahrt in Deutschland die weltweit notwendigen Informationen in Form von Significant Weather und Wind/Temperatur-Karten bereit. Ebenso werden das Streckenwetter sowie die Airport-Vorhersagen zum Faxabruf angeboten.

80 Knoten genau von vorne „auf die Nase bekommen". Diese Tatsache würde mit einem über zwanzig Minuten längeren Flug nicht nur viel Zeit kosten, sondern durch einen erhöhten Kerosinverbrauch von über 2 Tonnen auch unwirtschaftlicher sein.

Ausgaben für Kerosin stellen einen der größten Kostenblöcke von Fluglinien dar, und ständig steigende Rohölpreise zwingen die Airlines immer mehr dazu, diesem Umstand ihr Hauptaugenmerk zu widmen. Den optimalen Flugweg zu finden ist also immer ein Spiel mit dem Wind, genauer dem Jetstream. Obwohl für ein Flugzeug der Wind eher von vorne kommt, schiebt er relativ betrachtet von hinten oder drückt von der Seite. Im Kräfteparallelogramm wird dabei abgelesen, wie groß der Vorhaltewinkel des Flugzeuges sein muss, um dem Seitenwind gegenzusteuern, bzw. wie stark der faktische Gegenwind bläst, gegen den es anzufliegen gilt. Das Resultat wirkt sich erheblich auf die Streckenplanung und Treibstoffberechnung aus. Unser Dispatcher hat sich daher auf weiter im Norden verlaufende Routen mit weniger Gegenwind konzentriert. Er hat mit insgesamt 30 gerechneten Varianten des Flugplans nach der bestmöglichen Synthese zwischen minimaler Zeit, Entfernung, Kosten und Treibstoff gesucht.

Über den Atlantik geht es heute mit einer zweimotorigen Boeing B767-300, und daher wird der Flug unter ETOPS-Bedingungen operieren. Vierstrahlige Flugzeuge könnten sich den Ausfall von einem Triebwerk während des Reisefluges ohne größere Einschränkungen erlauben. Bei zweistrahligen Flugzeugen aber würde der Ausfall eines der beiden Triebwerke aus Gründen der Sicherheit eine Ausweichlandung unterwegs nach sich ziehen. Zuständige Behörden schreiben für diese Maschinen ein deutlich höheres Maß an Betriebssicherheit vor. Der dafür nötige Genehmigungsprozess setzt den Nachweis von vielen hundert zwischenfallsfreien Be-

ETOPS oder auch EROPS

steht für: Extended Range Operations with Two Engined Aeroplanes und bedeutet, dass ein nur zweimotoriges Flugzeug in Einheit mit seinen Triebwerken gewisse Bedingungen der Zuverlässigkeit erfüllen muss, wenn es sich weiter als 400 Nautical Miles ≈ 60 Minuten vom nächsten anfliegbaren Ausweichairport entfernen will.

Vgl. Grafik oben:
Die hellen 60-Min.-Kreise um Ausweichflughäfen zeigen die Wichtigkeit von ETOPS für zweimotorige Flugzeuge.

Vier Varianten des Routings.

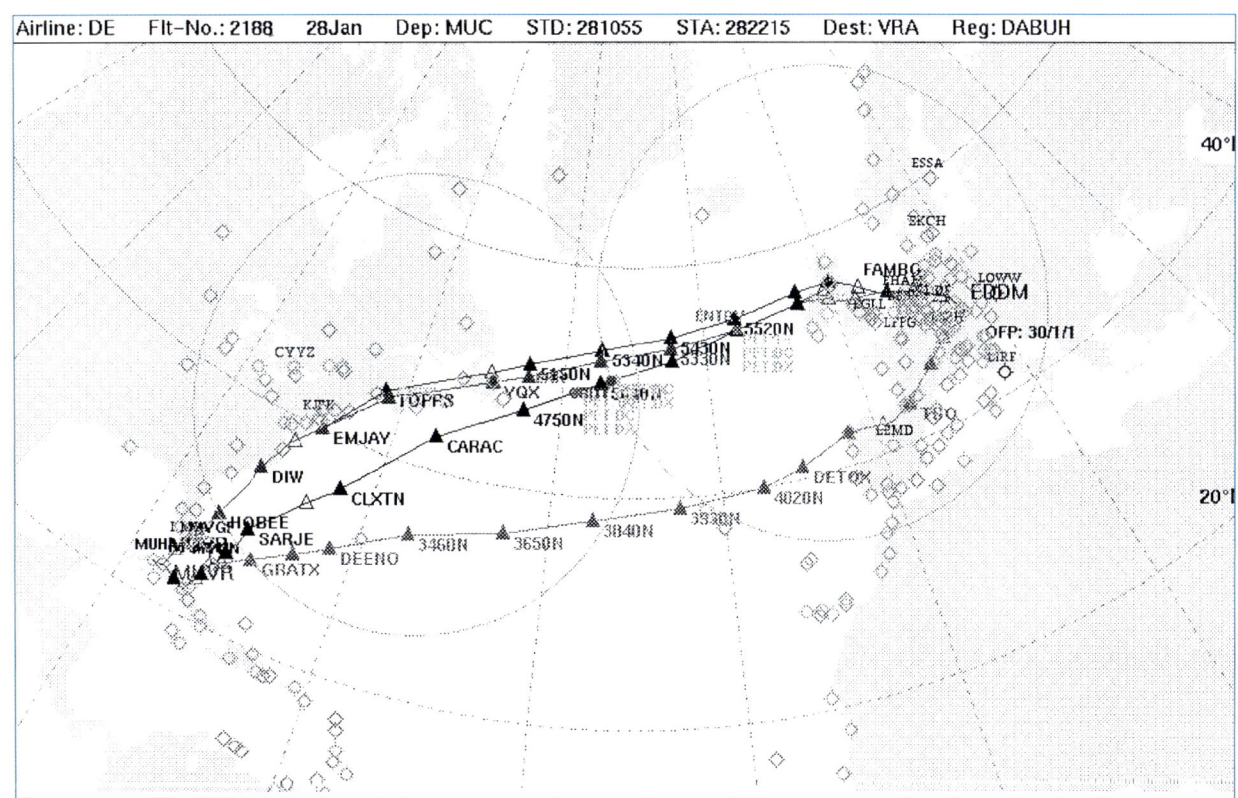

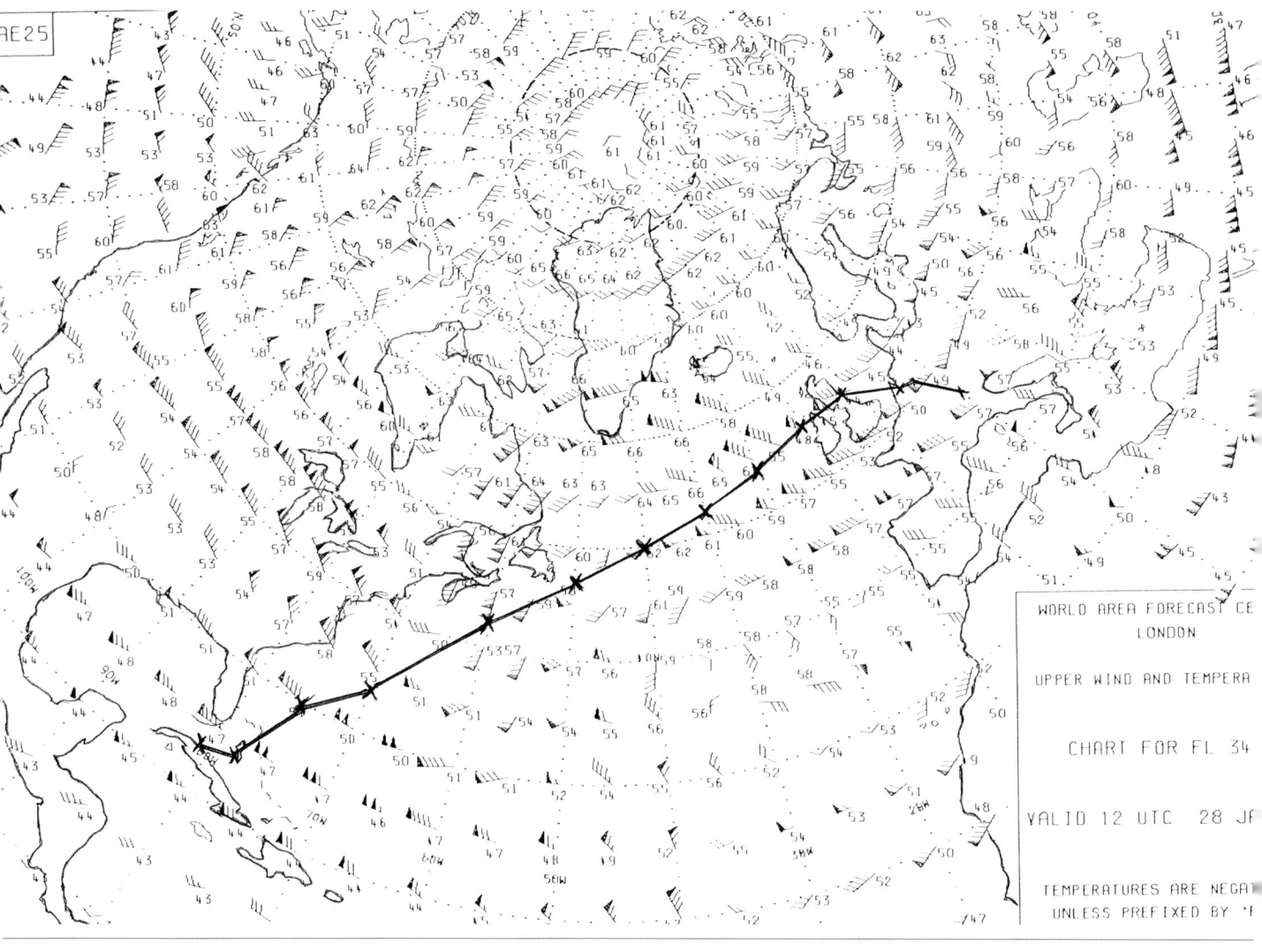

WORLD AREA FORECAST CE
LONDON

UPPER WIND AND TEMPERA

CHART FOR FL 34

VALID 12 UTC 28 JA

TEMPERATURES ARE NEGA
UNLESS PREFIXED BY 'F

Höhenwinde in FL 340.

triebsstunden auf dem jeweiligen Maschinentyp voraus. Für Fluggesellschaften, die Transatlantikflüge überhaupt neu in ihr Programm aufnehmen oder aber eine ETOPS-Strecke mit einem neu in die Flotte eingeführten Flugzeugmuster bedienen möchten, hat dieses Verfahren erhebliche Auswirkungen. Anfänglich, und somit monatelang, werden sie nicht den kürzesten Weg nach Nordamerika nehmen können. Über dem Atlantik muss während dieser Zulassungsphase immer einer der ETOPS-Ausweichflughäfen in Irland, Island, Grönland oder Neufundland innerhalb von 60 Minuten Flugzeit er-

reichbar sein. Die Berechnung geht dabei von einem abgestellten, und somit nur einem verbliebenen intakten Triebwerk aus.

Wichtig an dieser Stelle zu wissen ist, dass Triebwerke an nur zweimotorigen Flugzeugen jeweils einen deutlichen Leistungsüberschuss produzieren, um einen Ausfall von 50 % der gesamten Schubleistung nach Abschalten eines Motors problemlos auffangen zu können.

Condor wurde eine hohe ETOPS-Genehmigung erteilt, und so darf sich die B767-300 mit ihren PW 4062 Triebwerken von Pratt und Whitney bis zu 180 Minuten (entspricht 1200

NM Nautical Miles bei einer Geschwindigkeit von 400 Knoten True Air Speed in ruhiger Luft) von dem nächsten Airport entfernen, der auch die tatsächlich aktuellen Mindestlandebedingungen erfüllt. Somit kann der Nordatlantik unter normalen Bedingungen lückenlos beflogen werden. Die Betonung liegt bei den Alternate Airports immer auf anfliegbar, denn was hilft es einer Crew, wenn sie bei einem etwaigen Zwischenfall Keflavik auf Island, oder Halifax und Gander in Neufundland, aufgrund des schlechten Wetters vor Ort und dem daraus resultierenden Unterschreiten der vorgeschriebenen Landeminima nicht anfliegen kann/darf. Und eben diese ETOPS-Alternates

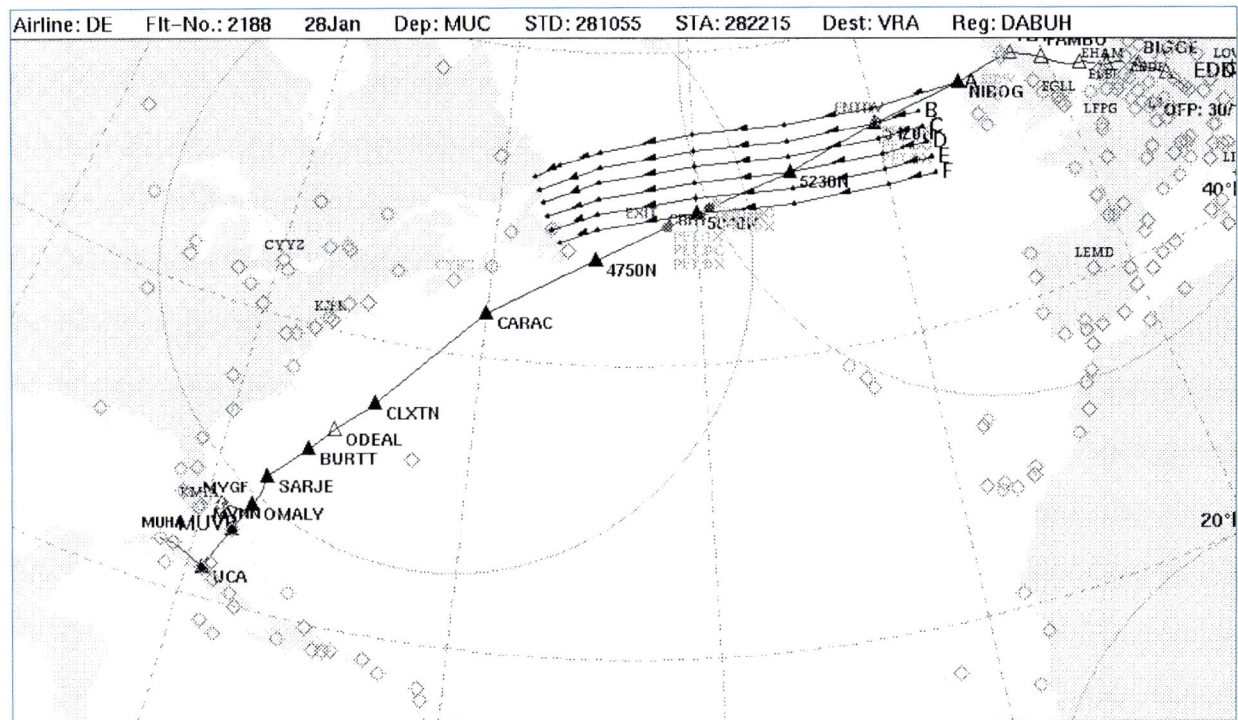

Airline: DE   Flt–No.: 2188   28Jan   Dep: MUC   STD: 281055   STA: 282215   Dest: VRA   Reg: DABUH

Die CFMU

Verkehrsminister der ECAC (European Civil Aviation Conference)-Staaten stellten 1988 die Weichen für die Entwicklung einer zentralen Verkehrsflussregelung und beauftragten hiermit die Agentur Eurocontrol. Seit Inbetriebnahme 1996 koordiniert nun die CFMU in Brüssel die Verkehrsströme über Europa.

So genannte Flowmanager versuchen im knapp bemessenen Luftraum über Europa den gesamten Flugverkehr im Sinne aller Beteiligten so flüssig und pünktlich wie möglich zu steuern.

Die CFMU-Zuständigkeit definiert sich wie folgt:
- Berücksichtigung festgelegter Sektorkapazitäten.
- gleichrangige Behandlung von IFR-Flügen.
- Minimierung negativer Auswirkung von Maßnahmen der Verkehrsflussregelung auf Luftraumnutzer.

sowie die NOTAMs der Flughäfen, die unterwegs an unserer Strecke liegen, hat der Dispatcher jetzt gesichtet und für den Flug nach Kuba eine recht interessante Route festgelegt. Condor 2188 wird heute an Amsterdam, Newcastle und weiter an Belfast vorbei auf den Nordatlantik hinausfliegen. Einige der Passagiere werden später vielleicht mit einigem Erstaunen bemerken, dass ihr diesjähriger Flug von München in die Karibik einen komplett anderen Verlauf nimmt wie bisher gewohnt. Er führt dabei über Holland, Schottland und Nordirland, und nicht, wie unter Umständen beim letzten Urlaubstrip zur selben Destination, über Südfrankreich, Spanien und Portugal hinweg. Auf Fernstrecken mit langen Überquerungen der Ozeane gleichen sich Flugrouten wie bereits erwähnt eher selten und werden jeweils aktuellen Bedingungen angepasst. Herr Fuchs hat als Dispatcher daher einen sehr verantwortungsvollen Beruf. Er hilft seiner Airline nicht nur die wichtigen operativen Betriebskosten zu minimieren, sondern er sorgt überdies für eine sichere Flugwegplanung unter Berück-

Unsere Route mit anfänglich nördlicherem und danach mittlerem Verlauf.

sichtigung aller gesetzlichen und operativen Vorschriften, sowie politischen und sonstigen Gegebenheiten. Dieses ist beispielsweise in der Nähe von Kriegsschauplätzen, wenn es wie bei der Golf- oder Irak-Krise im Nahen Osten um das großräumige Umfliegen gesperrter Lufträume geht, alles andere als ein Kinderspiel. Auch das hin und wieder notwendig werdende Ausweichen vor tropischen Wirbelstürmen stellt die Dispatcher so manches Mal vor eine harte Nuss, die es zu knacken gilt. Das erfolgreiche Absolvieren einiger Fächer wie Flugplanung, Meteorologie und Navigation des theoretischen ATPLs (Verkehrsflugzeugführerlizenz) ist eine der Einstiegsvoraussetzungen des recht gut dotierten Berufes. Der fertige OFP (Operational Flight Plan) wird nun im EDV-System des Lufthansa Konzerns freigegeben. In seinem Anhang befindet sich der so genannte ATS Flugplan (Seite 26 oben). Er reduziert die ansonsten für Piloten relevante Datenmenge auf reine Flugsi-

Slot

Ein Luftraum ist in Sektoren unterteilt. Für jeden einzelnen Sektor wurde dabei eine bestimmte Kapazität ermittelt, d.h. eine maximale Anzahl an Flügen, die pro Stunde in diesen Luftraum einfliegen kann.

Die Anzahl wurde durch Studien der CFMU ermittelt. Der Kapazitätswert kann z. B. auf Basis der aktuellen Wetterbedingungen sowie eventuellen technischen Störungen von den zuständigen Wachleitern der jeweiligen regionalen Flugsicherungen manuell koordiniert werden.

Während Flugsicherungen mögliche Kapazitäten an die CFMU nach Brüssel melden, leiten Airlines ihre Flugpläne ebenfalls dort hin, um die Verkehrsnachfragen mit dem Angebot von ATC vergleichen zu können. Sektoren, in denen die Nachfrage der Airlines das ATC-Angebot übersteigt, werden daher reguliert.

Betroffenen Flügen wird ein Slot (Zeitfenster) für den frühestens möglichen Start zugewiesen.

cherungsspezifische Punkte und wird nach Brüssel zur CFMU (Central Flow Management Unit) der Eurocontrol übermittelt. Die CFMU bestätigt kurze Zeit später, ob der Flugplan regelkonform ist, da natürlich die korrekten Höhen einzuhalten sind und z. B. keine gesperrten oder Einbahnluftstraßen beflogen werden dürfen. Nach erfolgter Prüfung wird der ATS Flugplan auf elektronischem Wege an alle weltweit von unserer Flugroute betroffenen Flugsicherungsstellen weitergeleitet.

Circa zwei Stunden vor Abflug entscheidet sich auch in Brüssel, ob wir einen so genannten Slot (Zeitfenster zum frühestens möglichen Start, oder um zu einer festgelegten Zeit über einem bestimmten Wegpunkt der Route zu sein) benötigen. Peakzeiten mit Spitzenbelastungen gibt es nicht nur auf den Flughäfen, denn auch der obere Luftraum ist nicht grenzenlos. Im europäischen Luftraum existieren trotz Kapazitätserhöhung durch RVSM (Halbierung der vertikalen Abstände von 600 auf nur noch 300 Meter oder 1000 Fuß) immer noch genügend Nadelöhre. Erst im Jahr 2009 wurde die gesetzliche Grundlage für einen einheitlichen Flughimmel, den Single-European-Sky (SES), geschaffen. Dank des vom Dispatcher wohl überlegten Verlaufs unserer

Route, gepaart mit etwas Glück, werden wir aber aus Brüssel zeitlich nicht eingeschränkt.

Wenn Sie also bei einem der nächsten Urlaubsflüge auf einem deutschen Airport aufgrund einer Slot-bedingten Verspätung weiter verharren müssen, kann das bei Flügen nach Spanien demnach an Flugsicherungen in Genf, Marseille oder anderen europäischen ATC-Dienststellen liegen. Aber nicht nur Kapazitätsgründe sind hierfür ausschlaggebend, da auch das jeweilige örtliche Wetter in Lufträumen oder am Boden für rund 50 % aller Einschränkungen verantwortlich ist. Der europäische Luftraum ist durch nationale Zuständigkeiten extrem „zerstückelt". Über 60 Flugsicherungsstellen mit mehr als zwei Dutzend verschiedenen Betriebssystemen erschweren dabei die tägliche Arbeit der Fluglotsen. Erst ab 2006 ist geplant, über Europa den dringend benötigten einheitlichen Flughimmel SES (Single European Sky) im oberen Luftraum entstehen zu lassen.

Der Dispatcher hat nun den wichtigen vorbereitenden Teil zur Flugdurchführung geleistet, und daher wechseln wir nach München in den Süden der Republik und verlassen das Herz und Hirn des Condor-Flugbetriebes, die Verkehrszentrale in Kelsterbach.

Terminals 1 + 2 © FMG Dr. Hennies

Drehkreuz des Südens
Servus am Münchner Flughafen

„Laptop und Lederhose", so der Werbeslogan der bayerischen Staatsregierung, beschreiben sehr gut die vorherrschende Mentalität in Bayern, und somit auch den Münchner Standort der Condor.

Hightech und Tradition schließen sich nicht gegenseitig aus. Nein, sie ergänzen sich sogar ganz hervorragend am dortigen Airport. Denn bei all den vielen beeindruckenden technischen Leistungsdaten sind es die vielen „Kleinigkeiten", die solch einen Giganten liebenswert machen. München ist wohl der weltweit einzige Flughafen, auf dem tatsächlich ein Bier, das Airbräu, selbst gebraut wird. In gemütlichem Ambiente mit dazugehörigem Biergarten (in der warmen Jahreszeit) kann im gleichnamigen Restaurant bayerisches Flair genossen

werden. EDDM ist die offizielle ICAO-Kennung für München. Wesentlich bekannter – weil in jedem Flugplan ausgewiesen – ist aber das Kürzel MUC. Und ab MUC, dem „Franz Josef Strauss"-Flughafen im Erdinger Moos, werden wir heute abheben. Die Namensgebung für den Flughafen kommt nicht von ungefähr, war es doch der damalige bayerische Ministerpräsident Strauß, der mit seiner bekannten Hartnäckigkeit den Flughafen überhaupt realisiert hat. Seit 1992 in Betrieb, konnte "das Tor Bayerns zur Welt" seine Passagierzahlen bereits in den ersten 10 Jahren verdoppeln und im Jahr 2008 rund 35 Millionen Fluggäste begrüßen. Durch das neue moderne Terminal 2, das ab 29. Juni 2003 eigens durch Lufthansa mit seinen Konzern-Gesellschaften Condor und LH Cityline,

aber auch Star Alliance sowie sonstige Lufthansa-Regional- und Code-share-Partner genutzt wird, hält der Flughafen eine Kapazität für insgesamt über 50 Millionen Fluggäste im Jahr bereit!

Für Condor ist daher München als zweitgrößte Station eine etablierte Größe und nach Frankfurt der wichtigste Flughafen im gesamten Streckennetz. Zum einen wird von der Drehscheibenfunktion mit sehr vielen Lufthansa-Zubringerflügen profitiert, und zum anderen spielt die recht günstige geografische Lage eine nicht unwesentliche Rolle. Ein Großteil der Condorflüge zu Urlaubszielen im Mittelmeerraum nahm bis 2008 ab dt. Flughäfen von Haus aus Kurs über Bayern. "Ab in den Süden" – in diesem Falle über München, lautete die

Neues Terminal 2.

Devise im Winterhalbjahr. In der dann auch für den Mittelmeerraum kühlen Jahreszeit, wo es sehr viel schwieriger würde, Flüge von jedem deutschen Airport aus mit Urlaubern zu füllen, richteten TUI, LTU und vor allem Condor jeweils 1-2 Mal pro Woche in München ihre Drehkreuze ein. Eine logistische Meisterleistung! Denn es wurden aus ganz Deutschland mehrere Tausend Passagiere früh morgens mit Condor-Maschinen nach Mün-

chen geflogen, um sie dort samt Gepäck auf die endgültigen Zielorte zu verteilen. Auf dem Vorfeld und an den Gates ging es dabei Schlag auf Schlag, denn in nur 1 $1/_2$ Stunden verließen bis zu 22 Condor-Flugzeuge den Münchner Airport Richtung Mittelmeer, Kanaren und angrenzenden Urlaubsländern. Abends verlief das Spiel umgekehrt, indem heimreisende Urlauber zuerst in München landeten, um kurz darauf endgültig mit

Terminal 1   © *Mario Aurich AirTeamImages*

den entsprechenden innerdeutschen Flügen nach Hause gebracht zu werden. Beide Drehkreuze, am Morgen und am Abend, waren jedes Mal aufs Neue eine Herausforderung für Airline und Flughafenpersonal.

© *Michael Fritz*

© Michael Fritz

Abfertigung des Fluges
Operations, Technik, Catering und Betankung

Alle vom Dispatcher erstellten Unterlagen werden bei Operation in München aus dem internen EDV-System abgerufen und als „Dispatch Briefing Paket" für die spätere Cockpitcrew zusammengestellt. Operations ist als wichtiger Fachbereich in erster Linie für „Weight and Balance", also für die ordnungsgemäß verteilte Beladung und eben die daraus resultierende Balance eines Fluges zuständig. Ein so genanntes Loadsheet als genaue Ladeberechnung mit entsprechender Gewichtsverteilung wird für jeden Flug von den Operations-Mitarbeitern erstellt. Man stelle sich vor, ein Pilot zieht beim Takeoff nach Erreichen der zuvor errechneten Rotationsgeschwindigkeit an seinem Steuerhorn, und nichts passiert! Der

Flieger klebt weiter auf dem Beton, und das Bahnende rückt bedrohlich nah! Sind vielleicht doch alle schweren Koffercontainer vorne geladen worden, und einer der hinteren Frachträume ist irrtümlich leer geblieben? Eine üble Vorstellung ... Deswegen sieht sich auch der Kapitän die Gewichtsverteilung seines Flugzeuges auf dem Papier kurz vor Abflug sehr genau an. Bei sämtlichen Tätigkeiten rund um eine Flugzeugabfertigung ist äußerste Sorgfalt gefragt. Ohne Kontrolle läuft hier trotz alledem nichts, denn wo Menschen arbeiten, sind Fehler unter Zeitdruck nie ganz auszuschließen. Ein Rampagent von Operations überwacht daher zusätzlich vor Ort im Flugzeugfrachtraum die ordnungsgemäße Ver-

ladung, und vor allem Verriegelung der Behältnisse. Seinem geschulten Auge entgeht dabei nicht, ob auch tatsächlich alle korrekt identifizierten Container vom Ladepersonal des Flughafens in der geplanten Reihenfolge verladen wurden. Die genaue Gewichtsverteilung und Ladeplanung mit Information an die Crew würde ansonsten ad absurdum geführt und könnte den Flug sogar gefährden.

Unser Flugzeug, die B767-300ER mit der Registration D-ABUH, kam heute Morgen um 09:20 Uhr als DE7233 aus Punta Cana in der Dominikanischen Republik zurück. Da die Maschine durch günstige Rückenwinde bereits 25 Minuten vor ihrer geplanten Ankunftszeit gelandet ist, haben

© Helmut Schnichels

Motorenkontrolle einer Condor B767.

jetzt Technik, Catering, Cleaning und die Flughafenlader am Boden insgesamt 2 ¹/₂ Std. Zeit, die Boeing wieder für unseren Langstreckenflug in die Karibik startklar zu machen.

Die Techniker der Lufthansa hatten schon vorab durch den Kapitän über Datalink Telex aus dem Cockpit Infos über mehrere kleinere Beanstandungen erhalten. Und so kümmern sich Kabinenmechaniker unmittelbar, nachdem alle Passagiere ausgestiegen sind, um solche nicht ganz unwichtigen Dinge wie defekte Toiletten, Sitze oder Lampen. Auch ein Leuchtstreifen im Boden des Kabinenganges verweigert seinen Dienst und bedarf

erhöhter Aufmerksamkeit. Denn diese Streifen werden zwingend vorgeschrieben und sind bei einer eventuellen Rauchentwicklung als Orientierungshilfe der Passagiere zum Notausgang hin sehr wichtig. Ansonsten bringt das Flugzeug keine weiteren Beanstandungen mit. Es erhält aber in München ergänzend zum Ramp-Check (der 48-Stunden-Kontrolle) auch den für Transatlantikflüge notwendigen ETOPS-Check. Dabei werden anhand einer Kontrollliste die wichtigsten Systeme zur Flugdurchführung und Navigation überprüft. Speziell den vorderen Verdichterschaufeln (Fanblades) wird an den jeweiligen Triebwerken eine gründliche

Sichtkontrolle zuteil. Denn nach einem Vogelschlag könnte später während des Fluges eine Unwucht ausreichen, den Motor wegen stärkerer Vibrationen vorsorglich in der Luft abstellen zu müssen.

Triebwerkshersteller haben in Tests immer wieder unter Volllast laufende Motoren relativ problemlos mit großem Federvieh „beschossen". Allerdings stellen Vogelschwärme auch heute noch ein nicht zu unterschätzendes Restrisiko – selbst für modernste Triebwerke – dar. Und eine „Kollision" bei über 150 Knoten mit einer Krähe verbeult leider auch stabiles Flugzeugaluminium. Penibel genau wird aus diesem Grunde jeder einzelne Vogelschlag erfasst und zwecks vorbeugenden Maßnahmen gegen dieses Sicherheitsproblem ausgewertet. Großflughäfen wie Frankfurt und München beschäftigen Forstwirte, die unter anderem dafür Sorge tragen, dass auf Grünflächen an Runways und Vorfeldern nur für Vögel ungeeignete Gräser zur Aussaat gelangen. Unsere kleinen gefiederten „Kollegen" der Fliegerei mögen sich doch tunlichst ein anderes Plätzchen zum Verweilen suchen ...

Auf seinem Rundgang wird der Mechaniker sein Augenmerk auch auf Leckagen oder eventuelle Beschädi-

Registration – Flugzeugkennzeichen

D = Deutschland
A = Gewichtsklasse A >20 Tonnen
B = Boeing (Konzern-intern)
U = Condor-interne Bezeichnung
H = Condor-interne Bezeichnung

Betriebsintern verwenden Airliner lediglich die beiden letzten Ziffern, und so wird unsere B767-300 nur kurz *Uniform Hotel* genannt.

Lufthansa Service oder genauer „LSG Sky Chefs" ist eine 100-prozentige Lufthansa Tochtergesellschaft und versorgt als Weltmarktführer des Airline Caterings auch alle Condor-Flüge mit dem Komplettsortiment des Bordservice. Delikate Speisen, eine große Getränkeauswahl und sonstige Inflight-Serviceartikel werden an Bord beladen, um den Gästen den Flug so angenehm wie möglich zu gestalten.

gungen an Rumpf, Flügel oder Fahrwerk legen. Bei einer ETOPS-Kontrolle verlässt der Techniker sich überdies nicht nur auf elektronische Ölstandsanzeigen der Motoren im Cockpit. Alle Füllmengen werden zusätzlich manuell direkt am Triebwerk selber überprüft, um dabei auch jede noch so unwahrscheinliche Fehlerquelle auszuschließen. Die Sicherheit genießt bei der Technik stets oberste Priorität. Bei größeren technischen Problemen wird im Sinne der Sicherheit lieber eine Verspätung des Fluges und unter Umständen, wenn eine Beanstandung „Out of Limits" ist, sogar eine Annullierung des Fluges in Kauf genommen. Nachdem auch die Ölstände der Hydraulik und des Hilfsaggregats APU kontrolliert worden sind, erfolgt durch den Techniker noch eine Kontrolle aller Frachtraumdichtungen. Sie garantieren während des Fluges jeweils luftdicht abgeschlossene Cargo Compartments, damit ein eventuelles Feuer sofort an der betroffenen Stelle mit dem Gas Halon über die bordeigene Löschanlage erstickt werden kann, ohne sich weiter auszubreiten. TLB (Technical Logbook) sowie das CLB (Cabin Logbook) weisen nun keine weiteren offenen Beanstandungen mehr auf, und somit kann die Technik das Flugzeug für den Flug freigeben.

Im Jahr 2008 beschäftigte die LSG in 49 Ländern mit 200 Betrieben über 30.000 Mitarbeiter.

Im selben Jahr poduzierte LSG Sky Chefs 427 Millionen Mahlzeiten für 300 Fluggesellschaften weltweit und erzielte dabei einen Marktanteil von 30%

LSG Lufthansa Service Sky Chefs hat direkt, nachdem der letzte Passagier des gerade gelandeten Fluges von Bord gegangen ist, mit dem Entladevorgang der großen Flugzeugküchen (Galleys) begonnen. Das Catering an Bord ist immer einer der wichtigsten Berührungspunkte des Passagiers mit seiner Airline. Eine wichtige technische Wartung wird der Gast in aller Regel nicht zu Gesicht bekommen und verlässt sich in dieser Hinsicht auf den guten Ruf der Fluglinie. Der Inflightservice an Bord – quasi die Visitenkarte der Fluglinie – wird hingegen subjektiv sehr bewusst wahrgenommen und beurteilt. Zur heutigen

© LSG Sky Chefs

Langstrecken-Catering-Beladung gehören unter anderem die Duty Free Bordverkaufsartikel, Filme und Programme der Bordunterhaltung, Spielsachen, Babytaschen usw. Flugzeugkabinen, in der rund 270 Passagiere viele Stunden verbracht haben, schauen nach der Landung entsprechend aus und bedürfen einer gründlichen Reinigung. Und so kämpft sich nun an Bord das Cleaning-Personal durch Müllberge von überwiegend alten Tageszeitungen und Illustrierten, die nach so langer Flugzeit von den Passagieren zurückgelassen wurden. Die Neuausstattung der Kabine mit ihren rund 270 Kopfschonern, Decken, Kissen und Sicherheitsinstruktionen inklusive der Bordmagazine in den Sitztaschen hat die LSG München einem Subunternehmer vor Ort übertragen. Momentan sind also sehr viele fleißige Hände innerhalb des Flugzeuges beschäftigt. Außerhalb herrscht ebenfalls reges Treiben. Ein FMG Flughafen-Mitarbeiter hat bereits die Toilettentanks entleert sowie die Frischwassertanks erneut gefüllt. Aufgrund fehlenden Wassers nicht funktionierende Toiletten vorzufinden, würde gerade auf einem Langstreckenflug für ziemlich viel Unmut sorgen. Ein wirklich „zum Himmel stinkender" Gedanke ...

Die Firma Skytanking hat ihr so genanntes Dispenser-Fahrzeug mittlerweile unter der linken Tragfläche in Position gebracht, um die beiden Schläuche mit dem Unterflur-Betankungssystem zu verbinden.

Der Flughafen München führt das Flugzeugkerosin mit der genauen Bezeichnung JET A1 aus diversen Hochtanks eines gigantischen Zwischentanklagers direkt am Airport über zwei so genannte Feederpipelines in eine unterirdische Ringleitung des Vorfeldes. Diese Ringleitung hat alleine auf dem Vorfeld West des Terminal 1 über 220 Zapfstellen, auch Pits genannt. Da für unseren Flug eine

Dispenserwagen unter der Tragfläche.

große Spritmenge von deutlich über 60 Tonnen geplant ist, hängen zwei Schläuche des Dispenserwagens parallel an zwei Einfüllstutzen an der Unterseite einer Tragfläche. Dies ermöglicht eine hohe Durchflussmenge von bis zu 2800 Litern oder deutlich über zwei Tonnen pro Minute. Die benötigte Tankzeit könnte bei Bedarf halbiert werden, indem ein zweites Dispenser-Fahrzeug zusätzlich unter dem anderen Flügel positioniert wird.

LD-Containerverladung im hinteren Belly einer Condor B767.

Dispenserfahrzeuge filtern den Treibstoff beim Einfüllen ein letztes Mal, regulieren den Druck aus der Flughafenpipeline und kontrollieren dabei ganz exakt die Tankmenge. Einer der sicherheitsrelevanten Aspekte des Unterflurbetankungssystems ist es, auf großen Flughäfen die ansonsten notwendig werdenden zahlreichen Tanklastzüge aus dem Vorfeldverkehr herauszunehmen. Der Rampagent von Operations hat den Tankwart nun beauftragt, die Mindestmenge von 60 Tonnen Sprit in die Tragflächen laufen zu lassen. Eine genaue Anpassung gibt es kurz vor Abflug, wenn die Crew ihren exakten Bedarf

errechnet hat. Nach und nach werden die ersten Container mit dem Passagiergepäck durch den Flughafen bereitgestellt.

Die einzelnen Koffer haben zuvor eine kilometerlange Achterbahnfahrt auf der Gepäckförderanlage unter dem Terminal 1, ausgehend von den Check-in-Schaltern im Zentralbereich bis hin zur manuellen Verladung in die LD-Container (Alu-Großraumcontainer), hinter sich gebracht. Vor dem unmittelbaren Einladen in die LD2/3-Koffercontainer überprüft ein Barcode-Lesegerät, ob der Koffer auch tatsächlich auf diesen Flug ge-

hört und nicht vielleicht ein Ziel in Alaska oder Afrika auf seinem Baggage Tag vermerkt ist. Post spielt auf dem Flug keine und Cargo eine eher nur untergeordnete Rolle. Lediglich zwei LD2-Container mit diversem LSG-Material für das Rückflug-Catering ex Kuba erhöhen noch mit runden 1,5 Tonnen das Abfluggewicht.

Pre-flight Check am Boden
Briefing von Cockpit- und Kabinenbesatzung vor dem Flug

Genau 75 Minuten vor geplantem Abflug – also zum offiziellen Dienstbeginn hier in München – ist die Crew vollzählig in den Räumen des Condor Crew Ops versammelt. Zuvor hat bereits jeder Einzelne seine Postfächer gecheckt und die neuen Dienstpläne für den nächsten Monat druckfrisch vorgefunden. Die zwangsläufige Unregelmäßigkeit der Einsätze ist ein Manko. Eine der wenigen Schattenseiten des eigentlichen Traumjobs. Immerhin besteht die Möglichkeit, sich jeden Monat vier OFF-Tage zu blocken, an denen dienstfreie Tage garantiert sind.

Insgesamt sind 11 freie Tage im Monat an der Heimatbasis vorgesehen. Unser Umlauf nach Varadero mit Rückflug nach Frankfurt wird fünf Tage mit drei Übernachtungen dauern. Da die Besatzungen für jeden Flug immer aufs Neue zusammengestellt werden, freut man sich wieder, einige vertraute Gesichter zu erblicken. Für genügend Gesprächsstoff ist aufgrund der neuen Dienstpläne gesorgt. Von großer Begeisterung wie „Prima, der Bangkok Request hat geklappt", bis hin zur leichten Enttäuschung wie „gleich dreimal in die Dom Rep..." reicht die Bandbreite der Kommentare. Die allgemeine Zufriedenheit über das attraktive Condor-Streckennetz mit seinen zahlreichen beliebten Layover überwiegt aber deutlich. Condor und LTU sind nach Lufthansa die einzigen beiden deutschen Gesellschaften, die Langstreckenflüge zu Fernzielen in ihrem Programm haben. Fernweh lässt sich beim Studieren des Condor-Flugplans nicht vermeiden. Thailand, Nepal,

Südafrika, Brasilien, Kapverden, Seychellen, Malediven, Mauritius und natürlich die Karibik, sowie Kanada und die USA sind nur einige klangvolle Namen aus dem über vier Kontinente verteilten Flugprogramm. Condor hatte 2003 allein in München rund 70 Piloten und zwischen 190 und 230 (variiert saisonal) Flugbegleiter stationiert. Condor Berlin hält dort für die Airbus A320 Kurz- und Mittelstrecken-Flotte weitere 22 Flugzeugführer vor. Cockpit und Kabinencrew halten ihr Briefing anfangs immer getrennt voneinander ab. Die Purserette Marion Schneider bespricht zusammen mit den übrigen

Dem Kapitän werden die kompletten Flugunterlagen ausgehändigt.

Mitgliedern ihrer Kabinencrew wichtige Einzelheiten des anstehenden Fluges. Wie lange dauert der heutige Trip? Wie viele Passagiere werden erwartet? Sind eventuell allein reisende Kinder oder andere Betreuungsfälle dabei? Gibt es Special Meals an Bord? Denn jeder Fluggast kann sich bei der Reservierung seines Fluges auch ein Spezialessen bestellen. Sei es bei Moslems, Hindus oder Juden aus religiösem Ansinnen, oder bei Vegetariern und Diabetikern aus Über-

```
OFP       DE2188/28    28JAN EDDM/ MUC   MUVR/ VRA    ELEVATION      210
30/1/1    DABUH  (103.5)      1055/1113  2230/2215    FMS
                         EST ..../....   ..../....    COST INDEX
                         CTOT    ....                 ROUTE       DEFRTE
ATS C/S   ..........     ACT ..../....   ..../....    TTL DIST      4765
                                                      SPEED      320-800
          LOAD     ZFW   ADDFU          LW      TOW    AVGE FF       5279
EST      28840   120000    0L   MAL 145150   184600    AVGE WC       M029
PLN      27429T  118589    0L   PLN 124726   184303

ACT      ......  ......              ......    ......   TKOF ALTN .......


RCL      28840   120000    0L   MIN    7631   AT INGRA TO MUVR
                                MIN    5679   AT INGRA TO MYGF
                                              LVL 340 VIA G437 ELBOW
                                ACT    ....   DCT
```

TIME	POSITION	TRK	DIST	LVL	TP	T	W/V	TAS	G/S	PRC	REFU *)
	EDDM/26R										
5			18		35	M05	29/042				
0005	MIQ		0018								61.7
14			84	CLB	33	M05	28/074			290	
0019	T O C		0102	300						780	59.2
2		T340	12		33	-47	28/081	468	422	320	
0021	SULUS		0114								59.0
17		311	115		31	-48	28/074	468	402		
0038	BIGGE		0229								57.3
11		308	77		29	-48	29/065	467	406		
0049	RELBI		0306								56.2
1		296	2		29	-48	29/063	467	404		
0050	RKN		0308								56.1
11		289	75		29	-49	29/063	467	404		
0101	SPY		0383								55.0
9		304	66		29	-49	29/063	467	406		
0110	ELDIN		0449								54.1
31		302	214		29	-48	29/054	467	413		
0141	NEW		0663								51.1
9		296	63		27	-48	31/045	468	424		
0150	TLA		0726								50.2
11		267	79		26	-48	32/048	468	435		
0201	MAC		0805								49.2
21		260	151		28	-48	32/064	468	435		
0222	NIBOG		0956								47.2
50		260	353		33	-51	33/094	461	422		
0312	54N020W		1309								42.6
51		252	381		36	-55	33/037	459	451		
0403	52N030W		1690								38.1
55		252	396		37	-54	24/030	463	433		
0458	50N040W		2086								33.2
60		246	437		38	-51	23/035	467	433		
0558	47N050W		2523								27.9
69		240	487		32	-47	18/082	470	426		
0707	CARAC		3010	CLB						290	21.9
82		222	590	340	37	-52	28/058	465	430	800	
0829	CLXTN		3600								15.2
5		222	38		37	-54	31/098	459	445		
0834	DANER		3638								14.9
9		228	61		38	-57	31/094	459	441		
0843	HUBER		3699								14.2
13		227	102		39	-56	31/084	461	445		
0856	ODEAL		3801								13.2
19		220	137		41	-55	31/069	461	457		

Time	Position	TRK	Distance	LVL	TP	T	W/V	TAS	G/S		REFU
0915	BURTT		3938								11.8
27		221	204		50	-53	29/056	465	443		
0942	SARJE		4142								9.7
10		187	78		52	-51	28/067	467	463		
0952	MAPYL		4220								8.9
13		205	93		52	-49	27/073	467	433		
1005	ELBOW		4313	DES						780	7.9
9		205	64	310	52	-42	27/063	476	449	800	
1014	INGRA		4377								7.3
4		205	29		52	-40	27/061	476	449		
1018	ZQA		4406								7.0
9		203	71		52	-40	27/060	476	451		
1027	DINAH		4477	DES						780	6.2
16		202	126	290	52	-35	27/056	482	459	320	
1043	UCA		4603	DES						290	4.8
10		294	67	280	52	-31	27/055	486	435	320	
1053	T O D		4670								4.0
0			3	DES			27/053				
1053	CLARA		4673							290	4.0
24			92				28/009				
1117	MUVR/06		4765								3.4

*) Erklärungen der Begriffe und Abkürzungen

Time	=	Gesamtzeit und Zeit zwischen den Waypoints
Position	=	Waypoints
TRK	=	Kurs
Distance	=	Gesamtdistanz und Distanz zwischen Waypoints
LVL	=	Flughöhe
TP	=	Tropopause
T	=	Temperatur
W/V	=	Windrichtung und Geschwindigkeit
TAS	=	True Air Speed
G/S	=	Ground Speed (über Grund)
REFU	=	Remaining Fuel (verbleibender Treibstoff)

Unser OFP (Operational Flight Plan) mit den wichtigsten Details zum Flugverlauf.

zeugungs- oder auch gesundheitlichen Gründen. Anschließend werden die Arbeitspositionen der Flugbegleiter in der Kabine verteilt und festgelegt sowie der Serviceablauf während des Fluges besprochen. Ganz wichtig ist seitens des Pursers, die Kollegen in der Kabine erneut für sicherheitsrelevante Abläufe zu sensibilisieren. Obwohl jeder der Flugbegleiter sämtliche Verfahren bei eventuell auftretenden Zwischenfällen rückwärts pfeifen kann, sollte durch den Purser im Briefing zumindest ein denkbares Szenario eines möglichen Ereignisses angesprochen werden. Flugbegleiter sind in primärer Hinsicht für die Sicherheit an Bord bei Not- oder Zwischenfällen verant-

wortlich und erst danach für den eigentlichen Service. Das Zweimanncockpit der B767 wird heute ausnahmsweise dauerhaft mit vier Personen besetzt sein, denn außer Kapitän Markus Koch, Kopilot Andreas Meissnest und mir fliegt auch noch Jan-Paul Drewes (ein A320-Kopilot der Condor Berlin) vorne mit. Jan-Paul wird heute seine benötigte Langstreckeneinweisung erhalten, da Condor Berlin auch Island mit Airbus A320 zusätzlich in den Flugplan aufgenommen hat. Wer fliegt welches Leg? Diese Frage stellt sich immer wieder zum Beginn eines Briefings. Grundsätzlich wird darauf geachtet, dass der Umlauf mit Hin/Rückflug oder auch Zwischenlegs gleichmäßig verteilt wird. Abwechslung ist sehr wichtig. Da Andreas diesmal keinen speziellen Wunsch geäußert hat, entscheidet sich Markus dafür, das Leg nach Kuba selbst zu fliegen. Der Kapitän wird also heute auf dem Hinflug nach Varadero der PF (Pilot flying) sein. Er wird sich im Wesentlichen auf das Navigieren und Fliegen der Maschine konzentrieren, und Andreas als sein Kopilot (First Officer F/O) assistiert damit als PNF (Pilot non flying) dem Kapitän und übernimmt zum größten Teil die Kommu-

nikation mit der Flugsicherung und weitere administrative Tätigkeiten. Auf dem Rückflug nach Frankfurt wird entsprechend getauscht, indem dann Andreas als Kopilot der Pilot flying sein wird. Es existieren aber einige Ausnahmen bei als schwierig geltenden Flughäfen, die dann zum Anflug theoretische oder auch praktische Qualifikationen voraussetzen und somit noch nicht von jedem Kopiloten als Pilot flying selber angesteuert werden dürfen. Als aktuelle Klassiker sind hierfür bei Condor z. B. Katmandu (Nepal) und Funchal (Madeira) aufgeführt. Unabhängig dieser Variablen bleibt ein Kapitän stets der erste Kommandant (CM 1), der an Bord letztendlich die Entscheidungsgewalt behält. Das MCC Multi Crew Concept regelt in den Cockpits die grundlegende Aufgabenverteilung an Bord. Das Sichten der zahlreichen Unterlagen durch die Cockpitcrew muss nun gründlich, aber trotzdem zügig vonstatten gehen, denn es verbleibt bis zum Abflug nur noch eine knappe Stunde, in der viel vorzubereiten ist. Markus studiert zuerst die Hold Item List (HIL), denn der techni-

```
FF EBBDZMFP LFPYZMFP
280826 EDDFCFGO
AD EGGXZOZX CZQXZQZX CZQMZQZX CZQMZQZR KZNYZOZX KZWYZOZX KZNYZRZD
AD KZNYZRZC KZMAZQZX MUFHZRZX MULHYAYG MYNAZQZX MUVRZTZX MUFHZQZX
AD MYGFZTZX
(FPL-CFG2188-IS

-B763/H-SEHIRWYX/S
-EDDM1055
-N0468F300 MIQ4N MIQ Y101 ALB Y102 SULUS UL604 RELBI UB5 SPY UL602
 TLA UN552 NIBOG/M080F300 DCT 54N020W 52N030W 50N040W 47N050W DCT
 CARAC/M080F340 DCT CLXTN A699 SARJE G437 ELBOW/M080F310 G437
 DINAH/N0481F290 UG437 UCA/N0485F280 J4 CLARA DCT
-MUVR1107 MUHA
-EET/EDUU0013 EDVV0037 EHAA0049 EGTT0110 EGPX0141 EISN0207 EGPX0215
 EGGX0222 54N020W0312 CZQX0403 50N040W0457 47N050W0558 CZQM0639
 KZNY0649 CARAC0706 CLXTN0829 DANER0834 HUBER0842 ODEAL0856
 BURTT0914 SARJE0942 MUFH1027 DINAH1026 RIF/INGRA/M080F330 G437
 ELBOW/M080F310 DCT ZFP DCT MYGF REG/DABUH SEL/CMRS OPR/CFG
 DOF/030128 RALT/EIDW CYHZ RMK/CFG2188 TCAS)
```

sche Zustand der Maschine ist auch der Ausgangspunkt für weitere Überlegungen.

Die Hold Item List (HIL) ist heute insofern „sauber", als dort nur einzelne Informationen über kleine Auffälligkeiten vermerkt sind. Sie sind entweder behoben worden, oder es ist momentan keine weitere Bearbeitung

Multi Crew Concept (MCC)

Die zahlreichen Piloten einer Fluggesellschaft kennen sich nicht immer persönlich und fliegen des öfteren ein erstes Mal miteinander. Durch das MCC weiß ein jeder von ihnen aber stets, was er von seinem Kollegen in der jeweiligen Situation zu erwarten hat, da alle Piloten nach den gleichen Verfahren ausgebildet wurden.
Gerade unter Abnormal- oder auch Emergency-Bedingungen während des Fluges kommt es auf verlässliche und vertraute Abläufe an. Also eben auf eine gute „Crew Coordination". Piloten sind keineswegs Einzelspieler, sondern müssen in hohem Maße teamfähig sein.

durch die Technik erforderlich. So wurde eine leichte so genannte Fuel Imbalance nach dem Start in warmen Gegenden beobachtet. Das bedeutet aber für den Flug operativ keinerlei Einschränkung, da diese systemseitig minimal ungleiche Treibstoffentnahme aus den einzelnen Tanks jederzeit manuell während des Fluges über das so genannte Crossfeed System wieder ausgeglichen werden kann. Die Ingenieure Condor Technik in Frankfurt untersuchen zur Zeit zusammen mit Boeing diesen Umstand.

Beide Piloten arbeiten sich weiter systematisch durch die enorm vielen wichtigen und weniger wichtigen Informationen, die in Form von einem Kilo Papier überreicht wurden. Das Wetter spielt natürlich die alles entscheidende Rolle in Hinsicht der Treibstoffberechnung. Da Condor 2188 unter ETOPS-Bedingungen operiert, unterliegt der Flug über Wasser im Vergleich zu Kontinentalflügen mit den zahlreichen Ausweichflughäfen an der Strecke noch deutlich strengeren technischen Kriterien und Einschränkungen. Denn irgendwo unterwegs „rechts ranfahren und anhalten" ist nicht ... Es darf quasi kein wichtiges, an Bord auch

Der ATS Flight Plan, wie ihn alle Flugsicherungsdienststellen erhalten.

mehrfach vorhandenes, System inoperativ sein. Dieses nicht ganz unkomplizierte Regelwerk wird genauestens über die MEL (Minimum Equipment List) gesteuert. Andreas arbeitet bereits die Route aus dem Operational Flight Plan in die Significant Weather Chart – die Karte mit den Jetstreams – ein. Nun erkennt man auf einen Blick, ob es heute auf dem Trip ruhig bleibt oder eher etwas wackeln könnte. Clear Air Turbulence (CAT-)Gegenden durchfliegen wir aber laut Karte nicht. Die Passagiere werden es danken, da es – auch wenn es sehr selten vorkommt – nicht das erste Mal wäre, dass im Extremfall der Rotwein von der Decke tropft ...

Nach dem Einzeichnen des Routings in die North Atlantic Crossing Chart werden die Enroute Alternate Airports an der Strecke auf Wettervorhersagen und sonstige wichtige Informationen hin überprüft. Bis auf die Tatsache, dass es auf den irischen Airports in Dublin und Shannon sehr stürmisch ist und in Gander, Halifax, St. Johns und Goose Bay auf Neufundland neben ebenfalls stärkeren Winden noch

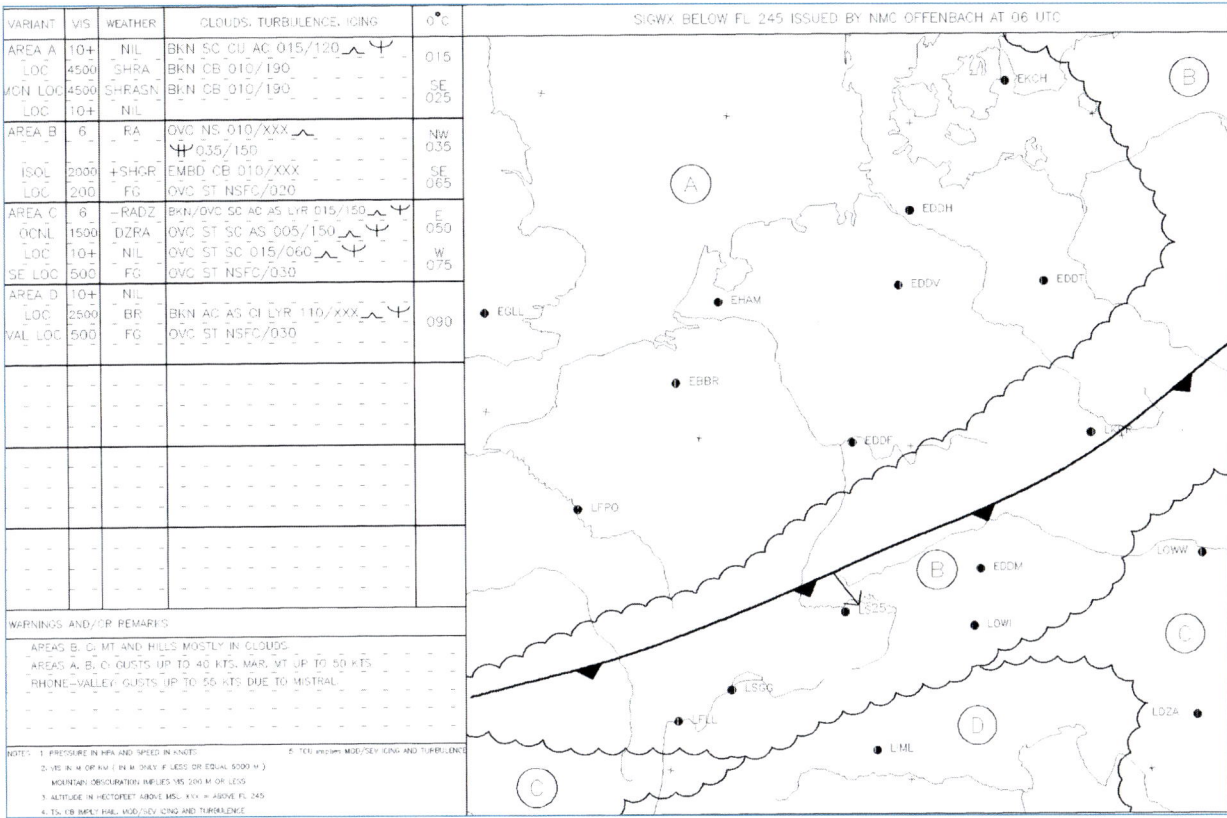

VARIANT	VIS	WEATHER	CLOUDS, TURBULENCE, ICING	0°C	SIGWX BELOW FL 245 ISSUED BY NMC OFFENBACH AT 06 UTC
AREA A	10+	NIL	BKN SC CU AC 015/120	015	
LOC	4500	SHRA	BKN CB 010/190		
MON LOC	4500	SHRASN	BKN CB 010/190	SE 025	
LOC	10+	NIL			
AREA B	6	RA	OVC NS 010/XXX	NW 035	
			035/150		
ISOL	2000	+SHGR	EMBD CB 010/XXX	SE 065	
LOC	200	FG	OVC ST NSFC/020		
AREA C	6	−RADZ	BKN/OVC SC AC AS LYR 015/150	E 050	
OCNL	1500	DZRA	OVC ST SC AS 005/150		
LOC	10+	NIL	OVC ST SC 015/060	W 075	
SE LOC	500	FG	OVC ST NSFC/030		
AREA D	10+	NIL			
LOC	2500	BR	BKN AC AS CI LYR 110/XXX	090	
VAL LOC	500	FG	OVC ST NSFC/030		

WARNINGS AND/OR REMARKS

AREAS B, C, MT AND HILLS MOSTLY IN CLOUDS
AREAS A, B, C GUSTS UP TO 40 KTS, MAR, MT UP TO 50 KTS
RHONE-VALLEY GUSTS UP TO 55 KTS DUE TO MISTRAL

NOTES 1. PRESSURE IN HPA AND SPEED IN KNOTS
2. VIS IN M OR KM (IN M ONLY IF LESS OR EQUAL 5000 M)
MOUNTAIN OBSCURATION IMPLIES VIS 200 M OR LESS
3. ALTITUDE IN HECTOFEET ABOVE MSL, XXX = ABOVE FL 245
4. TS, CB IMPLY HAIL, MOD/SEV ICING AND TURBULENCE 5. TCU implies MOD/SEV ICING AND TURBULENCE

einzelne Schneeschauer erwartet werden, stellt das Wetter die Piloten vor keine größeren Probleme. Sämtliche Enroute oder ETOPS Alternate Airports liegen deutlich über den minimalen Anflugbedingungen. Das Wetter in München selbst ist heute aufgrund einer aufziehenden Kaltfront mit viel Niederschlag eher untypisch ungemütlich und bietet aus Richtung West (270 Grad) starken Wind von 30 Knoten und in Böen bis zu 42 Knoten. Da wir aber auf RWY 26R – also in Richtung Westen mit 262° – starten werden, kommt der heftige Wind idealerweise direkt von vorne und verkürzt uns sogar leicht die benötigte Startbahnlänge. Dass die Runway nach ein paar durchziehenden Regenschauern nass sein wird, findet erst für die spätere Berechnung der Stopping Distance bei einem eventuellen Startabbruch und dem Festlegen der dabei wichtigen Startgeschwindigkeiten Beachtung. Die Daten der durch das Condor Crew

Ops überreichten Briefing-Unterlagen für den Flug sind nach und nach gesichtet, und so wird noch der so genannte Block Fuel, das ist die Treibstoffgesamtmenge, festgelegt. Markus und Andreas akzeptieren den vom Dispatcher gerechneten Fuel und runden auf einen Block Fuel von 66.400 kg inklusive 400 kg Taxi Fuel. Da man in der Luftfahrt das spezifische Gewicht der Kerosinmenge benötigt, wird nicht in Litern, sondern in Kilogramm gerechnet, und die den Tankwarten immer bekannte Dichte des Kerosins (0.78–0.80) mit der Literzahl multipliziert ergibt den Kilogrammwert.

• Der Trip Fuel beinhaltet den benötigten Sprit für den gesamten Flug von München nach Varadero. Also für alle Flugphasen, wie den Start-, Steig-, Reise- und Sinkflug, sowie Anflug und Landung.
• Der Contingency Fuel ist eine Reserve (für weitere 20 Min. Flugzeit)

Richtung Südost aufziehende Kaltfront über Süddeutschland.

Treibstoffplanung

TRIP- (für 11:17 Std.)	= 59647 kg
CONT- für 34 Min.)	= 2982 kg
ALTN- (für 21 Min.)	= 1356 kg
HOLD- (für 30 Min.)	= 2015 kg
Planned Takeoff	= 66000 kg
EXTRA Fuel	= 0 kg
TAXI Fuel	= 400 kg
BLOCK Fuel	= 66400 kg

bei unerwarteten Abweichungen vom Flugplan. Das können extreme Wetter, wie stärkere Gegenwinde, oder auch ein durch Fluglotsen kurzfristig geändertes Routing sein. Auch das länger als geplante und damit Kraftstoff zehrende Verbleiben in niedrigeren Höhen kann einer der Gründe sein, von dieser Reserve Gebrauch machen zu müssen.

- Der Alternate Fuel ist der benötigte Sprit, um z.B. nach einem Fehlanflug am Zielort zum Alternate (Ausweich-Airport) zu gelangen. Dies entspricht wieder der Berechnung des Trip Fuels vom Zielort zum Alternate.
- Der Holding Fuel ist für 30 Min. Warteschleifen in 1500 Fuß über Grund am Ausweichflughafen gerechnet.
- Der Extra Fuel wird heute nicht benötigt, da eine größere Menge von knapp drei Tonnen Contingency Fuel geplant ist. Extra Fuel kann ansonsten nach Ermessen der Flugumstände durch den Kapitän zusätzlich bestellt werden und wird auch genutzt, um bei Bedarf am Zielort noch halten zu können.
- Der Taxi Fuel wurde für das Rollen am Boden sowie für den Verbrauch der APU (Hilfsturbine zur Stromversorgung) berechnet.

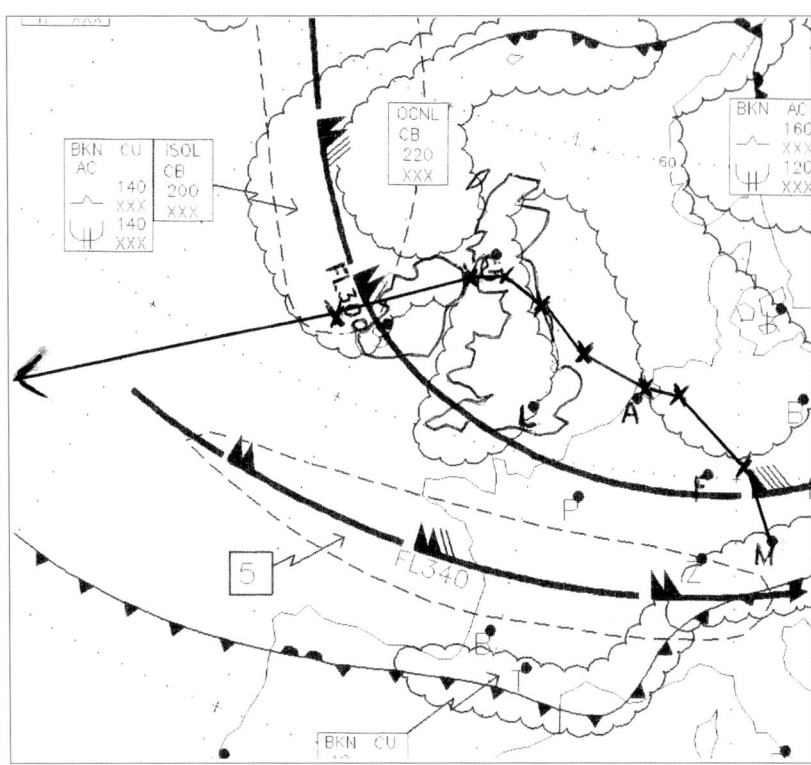

Significant Weather Chart für den Nordwesten von Europa. Unsere Route trifft genau in FL 300 auf einen Jetstream vor der irischen Westküste.

Alles in allem können wir uns 12 Std. und 42 Min. lang in der Luft halten. Da die reine Flugzeit mit 11:17 Stunden kalkuliert wurde, ist also noch ausreichend Spielraum vorhanden. Es wurde bereits die Mindestmenge getankt, und so wird der Tankwart gleich den endgültigen Auftrag erhalten, einen Block Fuel, also die Treibstoffgesamtmenge von 66,4 Tonnen, in die Tanks laufen zu lassen. Bei einer eventuellen Reclearance-Variante des Flugplans hätte man zum großen Teil auf den Contingency Fuel verzichten können, da bei dieser Möglichkeit an einem durch Dispatch definierten Reclearance-Punkt zum Ende des Fluges hin eine gewisse Kraftstoffmenge vorhanden sein muss, um zum Zielort weiterfliegen zu dürfen. Sollte dies nicht der Fall sein, da vorher schon mehr Kerosin als geplant verbraucht wurde, müsste in dem Fall ein Reclearance Alternate, wie z. B. die Bermudas oder Bahamas, zum Auftanken angeflogen werden. Um die wirtschaftlich sinnvollste Treibstoffmenge für den Flug zu ermitteln, ist es also erforderlich, viele

Faktoren gegeneinander abzuwägen. Nicht nur von einem Flightdispatcher, sondern gerade auch vom Kapitän wird erwartet, dass er seinen Flug unter dem Aspekt der Wirtschaftlichkeit und Effizienz durchführt. Durch die Flottenführung werden Verfahren, die dies berücksichtigen, hin und wieder den neuesten Erkenntnissen angepasst und optimiert. Grundsätzlich immer ein Flugzeug vor einem Langstreckenflug über Bedarf voll zu tanken, würde jedenfalls hohe Kosten verursachen. Die Maschine wäre deutlich schwerer, würde langsamer steigen, später ihre optimale Reiseflughöhe erreichen, und da sie sich deswegen länger in tieferen Luftschichten mit dichterer Luft bewegen müsste, auch erheblich mehr Kerosin verbrauchen. Im Extremfall wäre das getankte Mehr an Kerosin durch die etwas schlechtere Performance in den ersten Stunden eines Fluges bereits wieder aufgezehrt.

Wenden wir uns nun den übrigen Gewichten zu. Von den 269 gebuchten Passagieren sind letztendlich 258 zum Flug eingecheckt worden. Diese nicht unübliche No-show-Rate ist durchaus normal. Vielfältige Gründe wie verpasste Verkehrsmittel zum Flughafen, plötzlich auftretende Krankheiten, vergessene Reisepässe etc. führen immer wieder dazu, dass Fluggäste ihre Reise nicht antreten können. Wenn Sie als erwachsener Passagier exakt 76 kg wiegen sollten und mit 15 kg pro Koffer reisen würden, dürften Sie sich rühmen, ganz genau das von Zeit zu Zeit neu ermittelte Gewicht eines „durchschnittlichen" Passagiers der Condor zu haben. Die relativen Übergewichte von großen und kräftigen Personen, werden auf der anderen Seite von jugendlichen Passagieren, die unter dem Durchschnitt liegen, wieder ausgeglichen. Kinder bis 12 Jahre werden im Mittel mit 35 kg inkl. Handgepäck veranschlagt. Da selbstverständlich

28

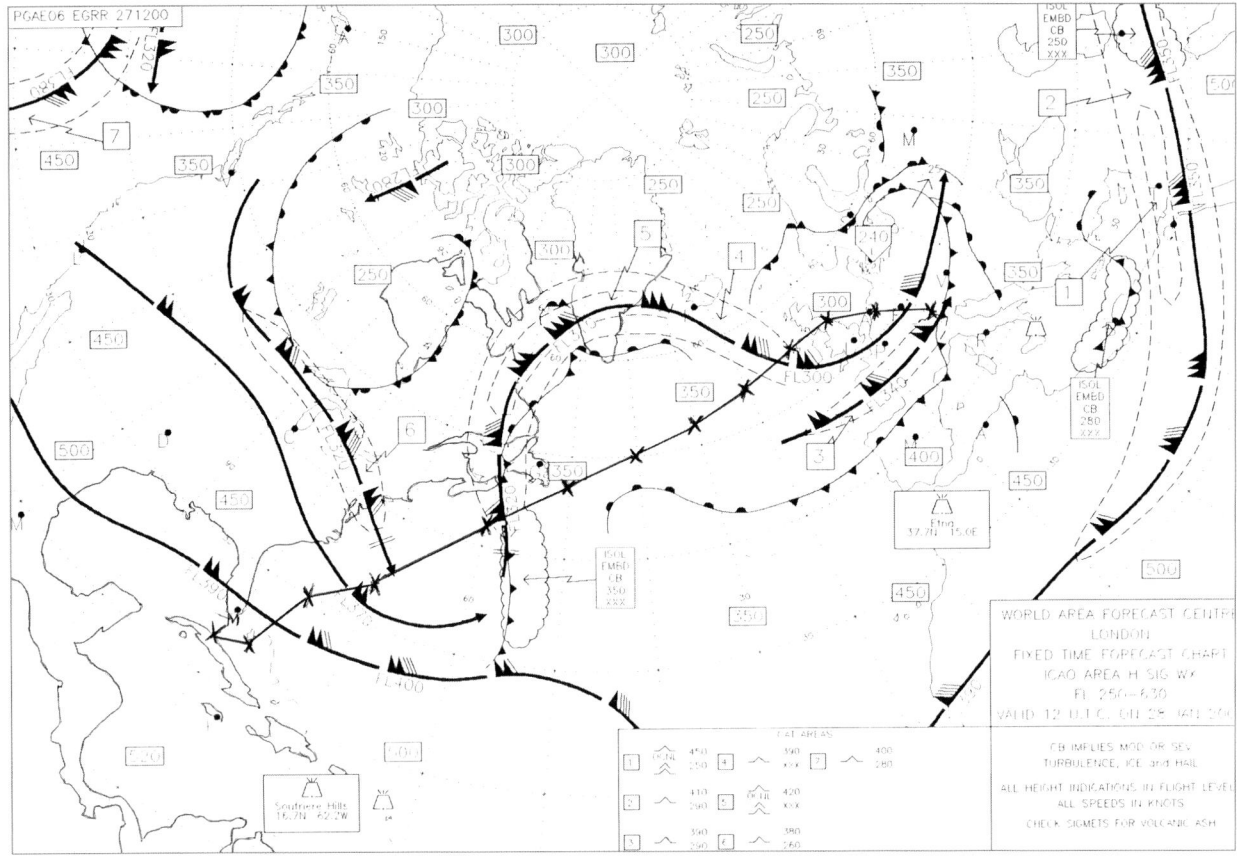

Significant Weather Chart für die gesamte Route über den Nordatlantik. Es ist gut zu erkennen, wo wir die Achsen der Jetstreams kreuzen werden.

nicht vor jedem Flug die Passagiere neu gewogen werden können, benötigt man diese Basisdaten, um eine Grundlage für eine verlässliche Gewichtsberechnung zu haben. Die Angaben haben sich über Jahre hinweg bestätigt. Hin und wieder fließen aber Ausnahmen in die Berechnung mit ein. Denn wenn Condor zum Beispiel Kreuzfahrer-Reisegruppen zu mehrwöchigen Schiffsreisen in alle Welt fliegt oder entsprechend abholt, muss dabei auch von deutlich mehr Gepäck ausgegangen werden. Die erschienenen Passagiere bringen zusammen immerhin ein Gewicht von 19 608 kg auf die Waage. Alle ihre eingecheckten Gepäckstücke schlagen dann noch mal mit 5137 kg zu Buche.

Somit hat der heutige Flug ein Zero Fuel Weight von 118034 kg. Dies ist das komplette Gewicht des betriebsbereiten Flugzeuges, mit allen Passagieren, Gepäckcontainern, Crew, Catering und Frischwasser etc. Aber wie

der Name schon sagt, ohne einen einzigen Tropfen Kerosin! Zum Zero Fuel Weight werden daher die 66,4 Tonnen Block Fuel hinzuaddiert. Dieses neue so genannte Gross Weight von 184434 kg behalten wir aber nur bis zur Startbahn, denn beim Rollen dorthin werden wie geplant ca. 400 kg des Kerosins verbraucht sein. Die bis nach dem späteren Anlassen der beiden Triebwerke wichtige Hilfsturbine – eigentlich ein richtiges kleines Triebwerk – im Heck hat ihren Durst dann ebenfalls über den Taxi Fuel gestillt. Daher beträgt das für den Flug alles entscheidende Takeoff Weight zum Abheben auf der Runway 184034 kg. Und siehe da, wir liegen auf dem doch sehr langen Flug lediglich 566 kg unter dem maximal zulässigen strukturellen Abfluggewicht der Boeing 767-300 von 184 600 kg. Dieser Umstand stellt uns aber in

München mit den beiden sehr langen Runways von jeweils 4000 Metern vor keinerlei Probleme.

Die momentane Winterzeit bei Temperaturen zwischen -10°C und +5°C bedeutet, bei gegebenem Niederschlag und Feuchtigkeit in der Luft, ein erhöhtes Vereisungsrisiko speziell an den mit abgekühltem Kerosin gefüllten Tragflächen. Momentan liegen wir mit +3° Celsius an der oberen Grenze. Ob das Flugzeug aber enteist oder mit einer Anti-Eis-Sprühschicht versehen werden muss, entscheidet der Kapitän später. Ein genaues Bild macht er sich beim Outsidecheck, wenn auch die Treibstofftemperatur in den Tragflächen bekannt sein wird. Nach der langen Flugzeit aus Punta Cana in großer Höhe, und somit Temperaturen unter -50°C, kühlt der Fuel entsprechend

Weight and Balance Übersicht:

ZERO FUEL WEIGHT	118.034 kg
BLOCK FUEL	+66.400 kg
TAXI FUEL	-400 kg
TAKEOFF WEIGHT =	184.034 kg

ab und bei der feuchten Wetterlage heute kann sich auf und auch unter den Tragflächen durchaus Eis bilden. Der Treibstoff JET A1 selbst gefriert erst ab -40° C Eigentemperatur, die jedoch aufgrund der Reibungshitze während des Fluges niemals erreicht wird.

Je größer die vorhandene Treibstoffmenge in den Flächen, desto höher jedoch das Vereisungsrisiko in feuchter Luft außerhalb des Flügels, also auf der Ober- oder Unterseite. Während des Fluges wird dem Vereisen der vorderen Flächenkante und auch des vorderen Triebwerkkranzes mit von den Motoren abgezweigter heißer Luft vorgebeugt. Sollte am Boden vor dem Start doch enteist werden müssen, geschieht es als so genanntes Remote Deicing und Antiicing unmittelbar vor dem Start am Kopf der Runway. Ein recht kostspieliges Unterfangen, das überdies mit rund 10-15 Minuten Zeitverlust zu Buche schlägt. Wenn aber eine Wetterlage es erforderlich macht, wird verständlicherweise kein Pilot zögern, es in Anspruch zu nehmen. Denn Eisansatz auf den Tragflächen könnte die Performance und das Steuern des Flugzeuges negativ beeinflussen. Die Tragflächen müssen aerodynamisch sauber sein, damit umströmende Luft ungehindert den Konturen der Flügel folgen kann. Sicherheit hat immer Vorrang! Beim Deicing wird das Flugzeug mit heißem Wasser und Glykol von Schnee und Eis befreit, beim Antiicing wird ein zähflüssiger Glykolfilm auf die Flächen gesprüht. Hat die Maschine anschließend beim Takeoff Roll min. 80 Knoten (rund 150 km/h) erreicht, beginnt durch den stärker werdenden Luftstrom der Schutzfilm zu zerreißen und nach hinten von den Tragflächen abzurutschen. Bei Erreichen der endgültigen Abhebegeschwindigkeit sind die Flügel „blitzblank" sauber. Hier sei noch angemerkt, dass das Glykolgemisch auf den Enteisungspositionen in Auffangbecken nicht nur wieder gesammelt und aufbereitet wird, sondern nahezu vollständig biologisch abbaubar ist.

Viele Zahlen, Daten und Infos wurden in der wirklich knapp bemessenen Vorbereitungszeit im Briefingraum von der Crew gesichtet, interpretiert und bewertet. Die endgültig gewünschte Kerosinmenge der Piloten wurde im Condor Crew Ops in das EDV-System übermittelt, damit der Rampagent von Operations die abschlie ßende Betankung vor Ort an der Maschine veranlassen kann. Das Cockpit-Briefing ist soweit beendet, und die beiden Piloten begeben sich hinüber zur Kabinencrew, um einige wichtige Punkte zum bevorstehenden Flug verlauten zu lassen. Markus informiert über die Flugzeit, die grobe Route und das zu erwartende Wetter unterwegs und am Zielort in Varadero. Er teilt seiner Kabinenchefin mit, dass rund 2 Stunden nach dem Start über Nordirland mit Turbulenzen zu rechnen sei, da genau dort in unserer geplanten Flughöhe von FL 300 oder 9144 Metern der Achse eines kreuzenden Jetstreams begegnet wird. Weitere Jetstreams werden nach ca. 7 Stunden querab von Neufundland und nach 9 Stunden auf der Höhe der Bermudas für leichte Turbulenzen sorgen. Mit dieser Information kann Marion den Serviceablauf an Bord etwas besser koordinieren. Ferner wird noch mal darauf hingewiesen, auch auf Passagiere zu achten, die bereits vor dem Flug etwas zu tief ins Glas geschaut haben. Da die Kabinencrewmitglieder verständlicherweise immer wieder von Passagieren um einen Cockpitbesuch gebeten werden, weist der Kapitän nochmals ausdrücklich auf das momentan bestehende und strikt einzuhaltende Verbot des Luftfahrtbundesamtes und der Flottenführung hin. Auch der Umstand und Hintergrund, dass Jan-Paul Drewes, der seine Einweisung bekommt, und ich als Konzernangestellter, der ein Buch über diesen Flug schreiben möchte, im Cockpit mitfliegen, wird während dieser Gelegenheit der Kabinencrew mitgeteilt. Bei einer Gesamtdienstzeit von rund 13 Stunden muss jedes Crewmitglied an Bord topfit sein, und so bestellt man vor dem Abflug bei Catering noch ein Crewmeal. Check-in und Briefing für einen Langstreckenflug, nur 75 Min. vor dem Abflug, bleibt immer ein Kampf gegen die Uhr. So wird es für die Besatzung höchste Zeit, sich zum Crewexit zu begeben, um über einen Touchscreen- Monitor den Crewbus zu ordern, der uns zur Maschine auf die Position 113 bringen soll. Beim Verlassen des Condor Crew Ops wird noch ein angenehmer Flug gewünscht, und die Crew bedankt sich für den wieder angenehmen Service der Münchner Kollegen. Am Crewausgang zum Vorfeld wird offensichtlich, dass ein pünktlicher Abflug immer mehr gefährdet ist, denn der georderte Bus ist schlicht und ergreifend nach einigen Minuten Wartezeit noch nicht erschienen.

Pre-flight Check an Bord
Startvorbereitungen

Endlich am Flugzeug angekommen, regnet es zu allem Überfluss gerade, und die Besatzung bemüht sich, zügig die Treppen hinauf zu kommen, um schnell im Trockenen verschwinden zu können. Hoffnungsvoll schweifen daher die Gedanken an Strand und Sonne auf Kuba. Jetzt gilt es, anhand einer Checkliste seitens der Kabinencrew zahlreiche Dinge auf

Kontrolle des rechten Hauptfahrwerks.
Bei der erstmaligen Flugzeugübernahme des Tages vor diesem ETOPS-Flug ist Markus verpflichtet, den kleinen, aber wichtigen Spaziergang selbst durchzuführen.

Funktionalität und Vollzähligkeit hin zu überprüfen. Dazu gehören unter anderem Schwimmwesten, Taschenlampen, stichprobenartig einige Sicherheitsinstruktionen in den Sitztaschen, und genauso das Megaphon. Bei einem etwaigen Ausfall des Passenger Anouncement Systems (PA) muss die Crew trotzdem immer in der Lage sein, sich laut und deutlich gegenüber den Passagieren verständlich zu machen.

Die komplette Cateringbeladung in den einzelnen Galleys wird zusammen mit einem Supervisor von LSG Sky Chef besprochen und abgenom-

men. Ist der Champagner gut gekühlt? Sind Zoll und Einreiseformulare vollständig? Sind entsprechend der vorgesehenen Menüaufteilungen auch ausreichend vegetarische, Wild- oder Fisch-Hauptgänge der Comfort Class an Bord? Sind alle sonstigen Mahlzeiten und Getränke beider Klassen vorhanden? Sollte etwa später in der Luft festgestellt werden, dass zu wenig Essen beladen worden sind oder andere wichtige Serviceartikel fehlen, gäbe es keinerlei Möglichkeit mehr, diesen Fehler zu korrigieren. Bald 11 $1/2$ Stunden Flugzeit, und dann für einige Gäste weniger oder gar nichts zu essen? Besser nicht! Es sind nur noch

Die externe Stromversorgung ist angeschlossen um die bordeigenen Batterien nicht zu belasten

Reifen des Hauptfahrwerks. Gut sichtbar die Längsrillen die den Abnutzungsgrad anzeigen.

gut 20 Minuten bis zum Abflug. Die Condor-Betriebsleiterin wartet bereits sehnsüchtig auf das „Boarding OK" durch Kapitän oder Purserette, um die Gäste am Gate abrufen zu lassen. Obwohl dieses Wide-Body-Flugzeug über zwei parallele Gänge in seiner Kabine verfügt, dauert ein Einsteigevorgang bei einem ausgebuchten Flug zwischen 20 und 25 Minuten. Familien mit kleineren Kindern sowie hilfsbedürftige Gäste werden dabei gleich in den Genuss kommen, zuerst einzusteigen. Eine sicherlich gut gelaunte Crew wird dann bei vielen Passagieren – die hin und wieder aufgeregt oder auch gestresst an Bord gehen – eine erste Urlaubsstimmung vermitteln. Im Dienst müssen etwaige private Probleme von Besatzungsmitgliedern möglichst in den Hintergrund treten. Naturgemäß fällt dies nicht immer leicht, aber von den Passagieren wird verständlicherweise stets eine zuvorkommende und freundliche Crew erwartet. Andreas hat sich zuerst im Cockpit vergewissert, dass die APU läuft. Somit ist die Stromversorgung sichergestellt, und auch die Klimaanlage an Bord wird mit Luft versorgt. Markus bereitet sich derweil auf seinen Walkaround – den Outsidecheck der Maschine – vor. Bei Regen keinerlei Vergnügen. Normalerweise eine Aufgabe für den Kapitän, die aber durchaus auch an den First Officer delegiert werden könnte.

Und so hat er sich die reflektierende gelbe Warnweste gegriffen, um mit dem Jetlight (starke Handlampe) bewaffnet den Rundgang im Uhrzeigersinn um das gesamte Flugzeug zu beginnen. Seinen erfahrenen Augen entgehen dabei keinerlei von außen erkennbare Beschädigungen oder Leckagen. Durch zahlreiche Spezialfahrzeuge, die an einer Flugzeugabfertigung beteiligt sind, könnten durchaus kleine Dellen oder aber auch Löcher am Flugzeugrumpf hinterlassen werden. Ein ganz besonderes Augenmerk bei der Außenkontrolle wird

dem Fahrwerk mit seinen vielen sichtbaren Hydraulikleitungen, Bremsen und Reifen zuteil. Die großen umlaufenden Längsrillen im Profil eines Flugzeugreifens sind übrigens einzig und allein dafür gedacht, ihren Abnutzungsgrad anzuzeigen.

Wer hätte auch vermutet, dass Flugzeugreifen in ihrer Lebenszeit bis zu zehnmal runderneuert werden? Obwohl die Techniker das Flugzeug bei den vorhergehenden Kontrollen genauestens unter die Lupe genommen hatten, begutachtet ein Pilot gerade die Triebwerksein- und -auslässe sehr gründlich. Vertrauen ist gut, Kontrolle ist besser.

Nachdem auch Markus keinerlei Auffälligkeiten feststellen konnte, beendet er die routinemäßige Kontrolle seiner Maschine. Der Tankvorgang neigt sich mittlerweile dem Ende entgegen. Sollten Unklarheiten zur tatsächlichen getankten Spritmenge bestehen, weil im Cockpit unter Umständen eine abweichende Anzeige für Irritation sorgt, müssten in einer aufwendigen Angelegenheit zahlreiche Dripsticks (Messstäbe) an der Unterseite der Tragflächen gezogen werden. Nur so ließe sich zweifelsfrei der Tankinhalt in den jeweiligen Kammern bestimmen. Sie glauben nicht, dass man irrtümlich zu wenig tanken kann? Man kann (konnte)! Bei einer Air Canada B767 wurde durch einen Umrechnungsfehler, kurz nach dem Einführen des metrischen Systems in Kanada, deutlich zu wenig getankt. Durch ein inoperatives System im Cockpit und falsche Angaben der Bodencrew fiel dieser Umstand aber nicht auf, und so passierte, was passieren musste. Bei einem innerkanadischen Flug ging der Boeing 767 in der Luft das Kerosin aus. Beide Motoren sowie die APU für die alternative Stromlieferung standen still, und so bekamen die Piloten lediglich über die Batterie etwas Strom, um zumindest die primären Cockpitinstrumente

hatte in der Zwischenzeit bereits seinen Teil der Instrumente sowie im Overhead Panel über den Köpfen der Crew die vielen vorbereitenden elektrischen und pneumatischen Schaltvorgänge getätigt. Es wurde auch das ca. 10 Minuten andauernde so genannte IRS Alignment gestartet. Dabei handelt es sich um die Grundinitiierung oder Selbstkalibrierung des Trägheitsnavigationssystems. Unsere drei IRS (Inertial Reference Systeme) benötigen als Ausgangsreferenz die genaue Koordinate der Parkposition 113B, auf der wir momentan in München stehen. Diese wird über das FMS Interface, die so genannte CDU (Control Display Unit), eingegeben. Sie lautet exakt N48°21.2 E011°47.1

Ein Inertial Reference System besteht jeweils aus einem Lasergyro, und, da die Beschleunigung über alle drei Achsen (Hoch-, Quer- und Längs-

Triebwerkseinlass mit den großen Fanblades (Verdichterschaufeln).

aktivieren zu können. Das kleine ausgefahrene Notwindrad der Ram Air Turbine (RAT) an der Rumpfunterseite gewährleistete der Crew die benötigte Hydraulik, um das Flugzeug unter erhöhtem Kraftaufwand zu steuern und vor der Landung das Fahrwerk ausfahren zu können. Nur dank der noch großen Reiseflughöhe und des Könnens der sehr erfahrenen Cockpitcrew sowie des Umstands, dass ein stillgelegter Militärflugplatz in erreichbarer Entfernung lag, gelang es nach einem elend langen „Segelflug", den über 100 Tonnen schweren Flieger notzulanden. Trotz kollabiertem Nosegear (Bugfahrwerk) wurde bei diesem ernsten Zwischenfall niemand an Bord verletzt. Anschließend wurden in der Luftfahrt entsprechende Konsequenzen gezogen, um solchen gravierenden Vorkommnissen entgegenzuwirken.

Markus ist zurück im Cockpit, um nun mit der so genannten Cockpit Preparation fortzufahren. Systematisch scannt er mit geübtem Blick seinen Teil der Instrumente und Anzeigen auf der linken Seite. Als Pilot flying wird er auch das Radio-Setup für die Navigationssender der Abflugroute auf Mittelkonsole vornehmen. Ebenso tätigt er die ersten Voreinstellungen am MCP (Mode Control Panel), also am Bedienfeld des Autopiloten. Markus schaut sich auch das TLB (Technical Log Book) sehr genau an, um den Überblick über vergangene, aktuelle sowie behobene oder zurückgestellte Beanstandungen zu erhalten.

So gewinnt er schnell Hinweise über eventuell kleinere Unarten des Fliegers aus seiner jüngeren Vergangenheit. Andreas als Pilot non flying

achse) gemessen wird, entsprechend aus drei Beschleunigungsmessern. Nach Beendigung des Alignments wird jede auch noch so minimale Bewegung des Flugzeuges durch dieses System registriert. Zusammen mit den Werten, die der Air Data Computer während des Fluges zur Verfügung stellt, sind die heutigen modernen Systeme jederzeit in der Lage, die momentane Flugzeug-Position bis auf nur wenige Meter Abweichung zu ermitteln.

Fotos: Koordinaten der Parkposition.

Erläuterung der wichtigsten Systeme zur Flugdurchführung aus elektronischer Sicht

Flight Management Computer (FMC)

Hirn und Nervenzentrum des Boeing FMS sind aus Gründen der Redundanz zwei unabhängig voneinander arbeitende FMC (Flight Management Computer). In ihren Datenbanken sind sämtliche weltweiten Navigationsdaten sowie die Flugzeugperformancewerte hinterlegt.

Den FMC-Computern werden Daten über z. B.:
• genaue digitale Uhren,
• Treibstoffsensoren,
• Air Data Computer,
• die Navaids VOR, NDB und DME, Air-Ground Sensoren,
• Flap Position Informationen,
• Inertial Reference Systeme (IRS) etc.
als Berechnungsgrundlage zugeführt.

Beide Computer kommunizieren miteinander, um die Berechnungen gegenseitig auf Plausibilität hin zu überprüfen. Dabei fungiert der linke FMC als „Master" und sein rechtes Pendant als „Slave".

Sollte der Master FMC einen Fehler oder ein Problem seines Gegenübers feststellen, wird er ihn resynchronisieren und automatisch ein Reload der eigenen Daten hinüber zum Slave Computer veranlassen. Stellt ein Master FMC bei sich selbst ein Problem fest, wird auf umgekehrtem Wege das Laden der Daten initiiert. In den Bordcomputern werkeln aber keineswegs, wie man leicht annehmen könnte, die modernsten und auch schnellsten Prozessoren der neuesten Generation. Zum einen werden diese enormen Geschwindigkeiten überhaupt nicht benötigt, da verschiedenste Aufgaben auf möglichst viele Spezialcomputer und somit auch Prozessoren verteilt sind, und zum anderen zählt an Bord primär die bereits bewährte Zuverlässigkeit eines elektronischen Bausteins. Und keine Angst, es gibt auch keine Betriebssysteme mit „Bluescreens" oder einer dieser spaßigen Fehlermeldungen, die jeder PC-User unter uns kennt, z.B. „dass die Anwendung aufgrund eines schweren Aus-

Control Display Unit (CDU)

nahmefehlers nun sofort beendet wird ..."

Die zugehörigen Control Display Units der beiden FMCs (CDU im Bild) dienen als Interface zwischen Mensch und Computer gleichermaßen als Eingabe und anzeigende Ausgabegeräte.

Datalink

Datalink bedeutet Datenaustausch zwischen einem Flugzeug und stationären Computersystemen.

Das dafür erforderliche System im Flugzeug heißt **ACARS**:
Airborne Communications Adressing and Reporting System

Datalink wird über zwei Varianten realisiert:
• **Datalink SATCOM**
überträgt Daten über Satellit. Dieses neue System ermöglicht eine fast lückenlose weltweite Abdeckung.
• **Datalink VHF**
überträgt Daten über Bodenstationen für VHF Ultrakurzwelle. In einigen infrastrukturschwachen Gegenden ohne Sendeanlagen in VHF-Reichweite und vor allem über den Ozeanen ist daher keinerlei Datenverkehr möglich.

Primär wird Datalink zum Austausch von Infos für die Flugdurchführung verwendet, aber natürlich werden wichtige oder auch interessante Informationen für Passagiere ebenso übermittelt.

Wenn Michael Schumacher mal wieder als erster die Zielflagge gesehen hat oder weitere interessante Nachrichten bekannt werden, gelangen diese Information oftmals über Datalink direkt ins Cockpit, und Fluggäste erfahren sie meist nur wenige Minuten später.

Das Interface des Flight Management Computers (CDU) dient dem ACARS System als Eingabegerät. Der Text kann über einen kleinen Drucker geprintet oder auf dem Control Display Unit sichtbar gemacht werden.

In Verbindung mit ACARS nutzen die Ingenieure der Condor Maintenance, ein weiteres hervorragendes Tool. Das ACMS (Aircraft Monitoring System) liest in bestimmten Intervallen die wichtigsten Triebwerksparameter aus und übermittelt sie per ACARS nach Frankfurt. So erkennen die Techniker von „Trouble Shooting" meist im Vorhinein (unter Umständen noch vor der Cockpitcrew), ob sich im Motor Unheil anbahnt. Und dabei kann die Maschine selber tausende Meilen von Deutschland entfernt sein.

Air Data Computer (ADC)

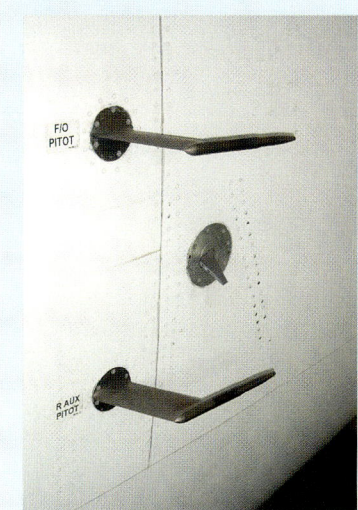

Die Cockpitinstrumente für Höhe, Steig-/Sinkrate und Geschwindigkeit arbeiten alle aufgrund von Messungen und Abgleichungen unterschiedlicher Luftdrücke.

Die über kleine Pitot-Rohre (Staudruckrohre im Bild) ermittelten Werte werden im Air Data Computer in elektrische Signale umgewandelt, um sie digital anzuzeigen oder auch bei analogen Instrumenten kleinste Servomotoren zu betreiben, die wiederum kleine Anzeigenadeln steuern.

Einige weitere Punkte sind nun bei der Cockpit Preparation zu beachten. Es empfiehlt sich dabei, unter anderem hinter die Fußpedale der Seitenruder zu leuchten. Gegenstände, die dort hingelangen könnten, sind eine Gefahr, da unter Umständen keine volle Freigängigkeit der Ruderpedale beim Start und in der Luft gewährleistet ist. Ebenfalls muss die Notfallausrüstung aus Feuerlöscher, Schwimmwesten, Crash-Axt, Rauchschutzhauben, Sauerstoffmasken, Jet Light sowie der ELT Emergency Locator Transmitter (Positionsbestimmung im Notfall) auf Vollständigkeit und auch Funktionalität hin überprüft werden. Enorm wichtig ist natürlich zu kontrollieren, ob der Sauerstoffvorrat für vier Personen im Cockpit bei einem eventuellen Druckverlust ausreicht. Wie zahlreiche Statistiken eindeutig belegen, ist die Chance, in einen sehr schweren Zwischenfall oder sogar auch Unfall verwickelt zu werden, äußerst gering. Aber sämtliche professionell handelnden Airlines mit einem hohen Sicherheitsstandard, wie es auch bei Condor der Fall ist, möchten, wenn es tatsächlich doch einmal geschehen sollte, entsprechend gerüstet sein.

Flight Management System (FMS)

Oberbegriff der elektronischen Systeme zur automatischen Flugdurchführung.
Ein FMS Flight Management System in modernen Verkehrsmaschinen wie der B767 ist in der Lage, das Flugzeug völlig selbsttätig anhand des im Vor-

hinein programmierten Flugweges zu navigieren sowie die Gesamtperformance mit allen seinen Facetten (optimum Flight Profile), also den horizontalen (LNAV) und vertikalen (VNAV) Flugweg, über die Schnittstelle eines Autopiloten zu steuern.

Flight Control Computer (FCC)

Die drei FCCs generieren Steuerbefehle für ebenfalls drei Autopiloten und kontrollieren die manuellen sowie halb- oder vollautomatischen Pilot Functions ebenso wie manuelle oder automatische Landefunktionen.

TMS: Autothrottle System

TMS (Thrust Management System) oder auch Autothrottle System gewährleistet automatisch, wenn aktiviert, die benötigte Schubleistung in allen Flugphasen von der Takeoff Power bis hin zur Landung. In einer B767 werden die benötigten Engine Settings der Motoren entsprechend aller jeweiligen Flugphasen vom FMC übermittelt. Manuelle Geschwindigkeitsänderungen, abweichend des FMS, werden seitens der Piloten über das MCP (Mode Control Panel) getätigt. Vom Setzen der Takeoff Power bis zum Beginn einer manuellen Landung wird der Pilot während eines normalen Fluges die Schubhebel eigentlich nicht mehr anrühren.

Andreas hat mittlerweile weitere Vorbereitungen durchgeführt. Er hat das Navkit mit seinen hunderten weltweiten An-/Abflugkarten der Airports und Streckenkarten für unterwegs auf Vollständigkeit und Aktualität – in Hinsicht des heutigen Fluges – geprüft.

Die benötigten Unterlagen wurden von ihm vorsortiert und die München Charts hängen bereits an beiden Clipboards. Die meiste Zeit benötigt der Pilot non flying allerdings für das manuelle Übertragen der gesamten Route aus dem OFP in das Flight Management System. Bei innereuropäischen Flügen, die in aller Regel identische Routings haben, brauchen Pi-

Autopilot Flight Director System (AFDS)

Das AFDS beinhaltet zwei sehr ähnlich arbeitende Systeme zur Einhaltung der gewählten Performanceparameter und Navigationsdaten: zum einen den FD Flight Director und zum anderen den Autopiloten.

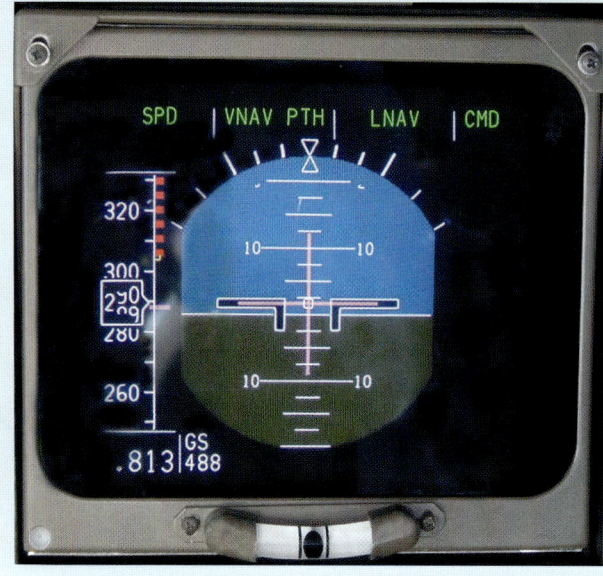

Der Flight Director zeigt bei einem manuellen Flug in Form zweier pinkfarbener Ablagebalken, die über dem künstlichen Horizont des ADI (siehe Bild) eingeblendet werden, an, wie die Maschine aufgrund des gewählten Flugweges und der FMS Daten oder aber auch der manuellen Eingaben über das MCP (Mode Control Panel) zu steuern ist. Der Pilot fliegt diesen Balken praktisch hinterher. Sind beide mittig zentriert, liegt das Flugzeug genau auf der gewünschten Höhe und auf Kurs. Wandert der senkrechte Balken z. B. nach links aus, liegt das Flugzeug rechts vom Kurs und der Pilot korrigiert nach links. Wandert der horizontale Balken nach

oben, liegt die Maschine unterhalb der gewünschten Höhe oder des vertikalen Flugweges. Der Autopilot erhält die gleichen Signale wie der Flight Director, steuert die Maschine aber selbsttätig direkt auf programmiertem Kurs und Höhe. Der Flight Director zeigt den gewählten horizontalen und vertikalen Flugweg also lediglich optisch an. Der Autopilot fliegt ihn hingegen auch selbsttätig.

Normalerweise ist beim automatischen Flug mit Autopilot auch der Flight Director zusätzlich aktiviert. Denn so erkennen die Piloten optisch, was der Autopilot mit ihrer Maschine vorhat.

loten nur eine der meist drei in der Datenbank hinterlegten Standardstrecken aufzurufen, um dann eventuell einige wenige Korrekturen vornehmen zu müssen. Auf der Langstrecke über dem Atlantik würde dies, wie bereits beschrieben, mit seinen ständig neuen Streckenverläufen aber keinen Sinn mehr machen. In Zukunft wird es auch hier eine enorme Arbeitsentlastung geben. Das bereits

in einigen neueren Flugzeugtypen wie der B777 erfolgreich praktizierte komplette Einspielen des gesamten OFP via ACARS System direkt vom Computer des Dispatchers ins Cockpit

Das Allerheiligste – die Electronic Bay der D-ABUH unterhalb des Cockpits und vorderer Galley. Hier werkelt das elektronisch/elektrische Hirn in Form zahlreicher Spezialcomputer.

FMS wird wohl in naher Zukunft Standard werden. Genau wie die Electronic Flight Bag, wo sämtliche Anflugkarten und Aircraft Manuals auf dem Monitor dargestellt werden. Die zivile Luftfahrt kommt dem „Paperless Cockpit" immer näher.

Für das komplette Eintippen der Höhenwinde aus dem OFP reicht die momentane Zeit jetzt nicht aus, und dies wird später während des Fluges nachgeholt. Markus wird die FMS-Eingaben allesamt überprüfen, denn beim Einpflegen von Daten ist selbstverständlich höchste Sorgfalt geboten. Ein Computer kann nur auf der Grundlage von korrekt eingegebenen Daten auch korrekte Ergebnisse erzielen, denn wie heißt es so schön im Zusammenspiel mit der EDV: „Garbage in, garbage out."

Andreas hat kurz vor Abflug bereits die EFRAS Software zur Ermittlung der Takeoff-Daten auf dem Dienstlaptop bearbeitet. Hierbei werden momentane Wind- und Wetterdaten sowie letzte aktuelle Gewichte zum Berechnen der Startgeschwindigkeiten eingegeben.

EFRAS hatte errechnet, dass nach einem Startabbruch Rejected Takeoff (RTO) bei V1, also bei genau 156 Kno-

Andreas, unser First Officer.

ten, noch ein Spielraum (Stopping Margin) von 751 Metern auf der 4000 Meter langen Runway verbleibt. Obwohl dies eigentlich nicht allzu viel ist, da wir heute sehr schwer sind, hätten wir diese Länge immer noch zur Verfügung, nach der das Flugzeug zum Stillstand kommen würde. Daran lässt sich leicht erkennen, wie wichtig ausreichend lange Startbahnen für schwere Langstreckenjets sind. Natürlich sind Flüge dieser Art mit einer B767 auch von nur einer 3000 Meter langen Runway durchführbar. Allerdings geht dies mit einer deutlich niedrigeren V1 einher, und es verbleibt somit weniger Spielraum für einen Startabbruch. Markus und Andreas hatten sich beim Briefing darauf verständigt, sich klar „go minded" zu verhalten. Das bedeutet, dass ein Takeoff Roll wirklich nur aus sehr schwerwiegenden Gründen wie z. B. Engine Fire oder Unkontrollierbarkeit des Flugzeuges abgebrochen werden sollte. Selbstverständlich wird der Start auch bei einem Hindernis auf der Bahn unverzüglich gestoppt.

Ein Startabbruch eines schweren Flugzeuges bei über 150 Knoten Geschwindigkeit ist nicht unproblematisch. Aufgrund des Bremsvorgangs wird sehr viel kinetische Energie in Reibungswärme umgewandelt. Durch entsprechend glühende Bremsen entwickelt sich eine enorme Hitze an den

Felgen. Der Druck im Reifen steigt, und bevor es zu möglicherweise geplatzten Reifen kommen kann, blasen diese ihre Luft (Stickstoff) über einen Sicherheitsmechanismus ab. Die Feuerwehr wird in solchen Fällen zusätzlich angefordert, um die Bremsen herunterzukühlen. Normale Probleme, die während des Takeoff Rolls entstehen könnten, werden daher lieber mit in die Luft genommen, um sie dort in aller Ruhe an Hand der jeweiligen Abnormal-Checklist abzuarbeiten. Mit zunehmender Speed beim Takeoff Roll verringern sich somit die Gründe deutlich, die einen Startabbruch rechtfertigen würden. Ob der Flug in der Luft allerdings zum Ziel-

Auf dem kleinen Takeoff Data Sheet wird z. B. die Klappenstellung – hier Flaps 5° –, das EFP Engine Failure Procedure (legt das Szenario beim Ausfall eines Motors fest), der Stabilizer Trim, der Schwerpunkt MAC sowie das letzte aktuelle Wetter notiert und in die Mitte zwischen den beiden Piloten gelegt. Somit sind diese wichtigen vitalen Takeoff-Daten wie Geschwindigkeiten und Triebwerksleistungen für Markus und Andreas permanent sichtbar.

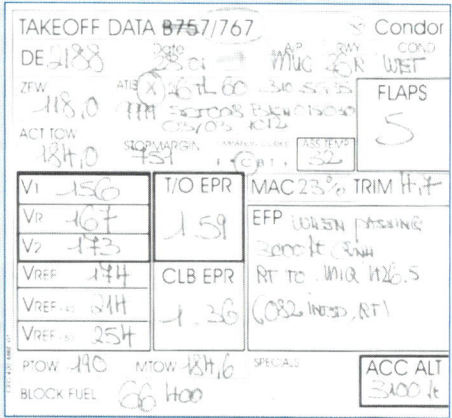

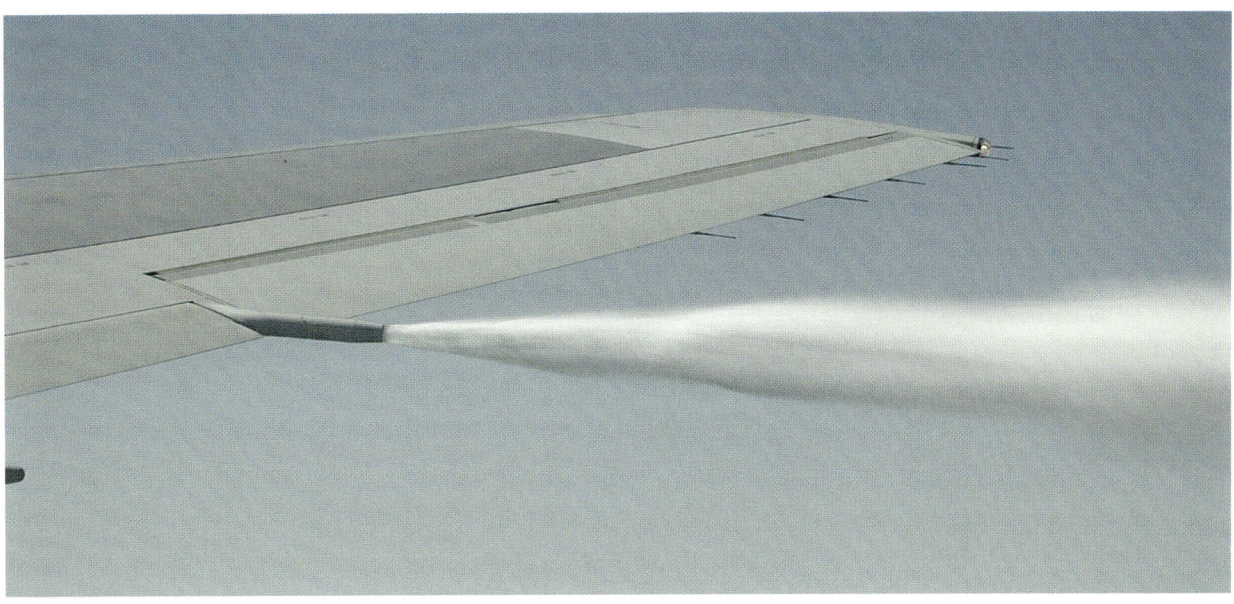

Treibstoffnotablass an einer Balair B767 kurz nach dem Start in Zürich.
Peter D. Baumgartner

ort fortgesetzt werden kann, richtet sich anschließend nach der Schwere des Vorfalls und so manches Mal nach der Qualität der technischen Möglichkeiten am Zielort. Sollte man tatsächlich wegen eines dringenden Problems, wie einer Rauchentwicklung an Bord, unverzüglich wieder landen müssen, bleibt unserer Cockpitcrew nur die Entscheidung, das Flugzeug sofort mit einer Overweight-Notlandung zum Ausgangs- oder bei schlechtem Wetter auch Takeoff Alternate Airport zurückzubringen. Eine weitere Option, bei einem weniger zeitkritischen Grund, ist, die knapp 40 Tonnen Kerosin, die noch zu viel an Bord sind, aus Sicherheitsgründen

Takeoff Speeds

V1 = 156 Knoten   (ca. 288 km/h)
Vr = 167 Knoten   (ca. 309 km/h)
V2 = 173 Knoten   (ca. 320 km/h)

V1 = maximale Speed, bei der noch ein Startabbruch möglich wäre

„Go or no Go" Decision
Vr = Rotationsgeschwindigkeit
V2 = Climb Speed, die man bei Ausfall eines Motors noch sicher halten kann

vor der Landung abzulassen, um die Risiken einer Fahrwerksüberlastung beim Aufsetzen auszuschließen. Die Sicherheit hat absolute Priorität. Wann immer ein Kapitän einen Notfall feststellt und einen Weiterflug nicht verantworten kann, kehrt die Maschine um. Auch ein möglicher Herzinfarkt eines Passagiers ist Grund genug, für viele tausend Euro Kerosin abzulassen, um gefahrlos und zügig wieder zu landen.

Das Fuel Jettison – besser bekannt als Fuel Dumping – ist eine eigentlich sehr seltene Angelegenheit. Es findet nach Absprache mit der Flugsicherung über zugewiesenen Regionen und in einer Höhe über Grund nicht unter 6000 Fuß statt. Die DFS hat im Jahre 2002 über deutschem Luftraum lediglich in 34 Fällen den betroffenen Flugzeugen ein Gebiet zum Treibstoffablassen zuweisen müssen. Pro Minute werden dabei je nach Flugzeugtyp zwischen 1,5 und 2 Tonnen Sprit über die Ventile an beiden Tragflächen abgelassen. Das Kerosin wird in der Luft so fein zerstäubt, dass nur ein Rest im Promillebereich den Erdboden erreicht, der auf viele Quadratkilometer verteilt kaum messbar ist. Dies sei so viel wie ein Schnapsglas, verteilt auf eine Fläche von 1000

Engine Pressure Ratio (EPR)

oder bei Triebwerken von General Electric auch die N1 Drehzahl des Niederdruckverdichters, ist für Crews der wichtigste Parameter, um die Schubleistung eines Triebwerkes bestimmen zu können.

Quadratmetern, versichern die zuständigen Stellen.

Überhaupt nichts mit Fuel Dumping hat übrigens ein Phänomen zu tun, das bei feuchter Witterung zu beobachten ist. Zumeist landende Flugzeuge ziehen dann häufig gut sichtbare „Fahnen" hinter ihren Tragflächenenden her. Dabei handelt es sich aber definitiv nicht – wie vielfach angenommen – um abgelassenen Treibstoff, sondern um reine verwirbelte Feuchtigkeitsfahnen. Die Erklärung dafür liefern Physik und Meteorologie. Durch die Geschwindigkeit des Flugzeuges und Krümmung der Tragflächen entsteht auf deren Oberseite ein geringerer Druck als in der direkten Umgebung der Maschine. In diesem Bereich sinkt die Temperatur.

Wenn sie unter den Taupunkt fällt, kondensiert der in der Luft vorhandene Wasserdampf und Feuchtigkeitsstreifen werden sichtbar.

Die letzte Cargodoor wird geschlossen, die Passagiere sind alle eingestiegen, und so kann es eigentlich bald losgehen. Wird auch höchste Zeit, da wir unsere Abflugzeit eigentlich erreicht haben.

Die endgültigen Gewichte des Loadsheets wurden von Operation über unseren ACARS-Printer direkt ins Cockpit übermittelt und durch Kapitän und Kopilot nochmals abgeglichen. Ein Update durch das EFRAS-Programm ist aufgrund der unveränderten Werte nicht notwendig. Jetzt ist für die Piloten der Zeitpunkt gekommen, den ersten Teil der Cockpit Checklist zu lesen, nachdem deren einzelne Punkte bereits kurz vorher abgearbeitet wurden.

COCKPIT

```
Oxygen & Masks. . . . . . . . . . . CKD, 100%
IRSs . . . . . . . . . . . . . . . . . . . . . . . . . NAV
Anti-Ice . . . . . . . . . . . . . . . . . . . . . . OFF
Pressurization . . . . . . . . . . . . SET, AUTO_
Altimeters . . . . . . . . . . . . . . . . . . . _,_,_
HDG REF Sw . . . . . . . . . . . . . . . NORMAL
Gnd Prox Override Sws. . . . . . . . NORMAL
Hydraulic Qty. . . . . . . . . . . . . . . . . . CKD
Engine Oil . . . . . . . . . . . . . . . . . . . . CKD
Fuel Control Sws . . . . . . . . . . . . . CUTOFF
Hydraulic Panel . . . . . . . . . . . . . . . . SET
Fuel Qty . . . . . . . . . . . . . . . . . . . . _T/CKD
Passenger Signs . . . . . . . . . . . . AUTO,ON
TO / Climb Mode . . . . . . . . . . . . . . _,_/ SET
FMS . . . . . . . . . . . . . . . . . . . . . . . . . CKD
Speed Bugs. . . . . . . . . . . . . . . V1,VR,V2,
VREF+40,+80/ SET Trim _,ZERO, ZERO/SET
```

Die Abflugroute und das von Markus gesetzte Radiosetup (die zum Empfang gewählten Navigationssender und ihre Frequenzen) werden als Departure Briefing besprochen. Denn es ist eminent wichtig, dass beide Piloten von identischen Abläufen und Informationen ausgehen.

Markus: *„So, es geht heute auf der zwo sechs rechts über die ‚Mike four November' Departure Route. Bei 1900 Fuß oder 3,5 Meilen, je nachdem was später kommt, geht's rechts herum zum Mike NDB. Die 426.5 Frequenz von Mike und die 116.0 von DMN sind links, und das Allersberg VOR 111.2 ist rechts gesetzt. Die Mininum Sector Altitude für uns beträgt 3200 Fuß. Erste Höhe ist Flight Level 70. Den Rest dann gleich beim Rollen."*

Der zweite Teil der Cockpit Checklist ist nun an der Reihe und wird, nachdem die Items abgearbeitet wurden, ebenfalls vom Kopiloten laut gelesen und der Sollzustand der betroffenen Schaltungen oder Einstellungen von beiden Flugzeugführern bestätigt. Dabei werden auch nochmal die drei wichtigsten Speeds und natürlich der STAB (Stabilizer) Trim, das ist die Grundstellung der horizontalen Heckflosse, verglichen und bestätigt.

Ein allererster Kontakt mit der Flugsicherung entsteht durch Andreas beim Rufen von „Munich Delivery" auf der Frequenz 121.72. Hierbei wird die Streckenfreigabe und das „Startup OK" eingeholt. Das Callsign für ATC ist in aller Regel die dreistellige Flugnummer, also „Condor 188", heute

Abfertigung eines Condor Fluges in München. Die Außenaufnahmen vor dem Start sind zu einem späteren Zeitpunkt bei sonnigem Wetter am Terminal 2 entstanden.

wird aber die komplette Flugnummer verwendet werden. Dies hat mit den Verkehrsrechten zu tun und wird im Flugplan für ATC mit ausgewiesen.

Pilot
„München delivery, grüß Gott, Condor 2188 with information Xray for startup and clearance, bitte."

Lotse
„Condor 2188 München delivery, grüß Gott, startup is approved to Varadero via Mike four November departure, flight planned route. Squawk 4126."

Wichtige Informationen müssen immer mit einem Zurücklesen – readback – der Message an den Lotsen bestätigt werden. Bis auf wenige Ausnahmen werde ich in diesem Buch aber auf das Wiederholen der jeweiligen Meldungen verzichten.

Pilot
„Condor 2188 cleared to Varadero via Mike four November departure route. Squawk 4126."

Lotse
„Condor 2188, readback correct, when ready for pushback over to apron on 121.77. Servus."

Gemeinsames Departure Briefing.

Es gibt noch viel vorzubereiten.

Der DFS-Lotse hatte ca. eine Stunde vor Abflug einen ordnungsgemäßen Flugplan vorliegen und somit die geplante SID – Standard Instrument Departure Route – bekannt gegeben und auch den Transponder-Code (zur späteren Identifizierung auf dem Radarschirm) genannt. Da er die von Andreas gemeldete Information Xray nicht kommentiert, ist sie offensichtlich noch gültig. Hierbei handelt es sich um Airport Wetterinfos, die, alle halbe Stunde aktualisiert, mit dem jeweils nächsten Buchstaben des Alphabets (X=Xray) versehen werden und jederzeit über die ATIS (Automatic Terminal Information Service) Frequenz 123.12 des Münchner Flughafens abgehört werden können.

Angenehmer ist es allerdings, eine ATIS-Meldung im Cockpit über ACARS Datalink abzurufen, um sie direkt drucken zu können. Wir werden also kurz nach dem Start über die genannte Abflugroute MIQ4N nach Norden zum Funkfeuer MIKE abdrehen, das übrigens südlich von Ingolstadt am A9/A93 Autobahndreieck Holledau steht. Andreas hat die Daten als Bestätigung an den DFS-Lotsen „zurückgelesen", die Fluggastbrücke ist

zurückgefahren worden, und so könnte der Schlepper uns für den Pushback-Vorgang „an den Haken nehmen". Er könnte, aber er kann nicht. Ein Defekt zwingt den Fahrer, schnell seinen Kollegen mit einem weiteren Schleppfahrzeug herbeizurufen. Aus den knapp fünf Minuten sind inzwischen sieben Minuten Verspätung geworden. Ärgerlich, aber bei der langen Flugzeit heute nicht wirklich gravierend. Der zweite Anlauf war erfolgreich, und nachdem der Schlepperfahrer sich bei einem abschließenden Rundgang um das Flugzeug vergewissert hat, dass alle auch noch so kleinen Klappen und Öffnungen, wie beispielsweise zu den Bedienpanels der Cargodoors oder zum Befüllen des Frischwassertanks, geschlossen sind, hat er über Intercom Kontakt

ATIS Wettermeldung.

```
           DE2188   2BJ4
    S M
  S V RWY  26    70 SR  G5
 8 01 2003
     1810.9 EDDM 31025G36KT 50C0
     B 1500P C:1500P D:1500P
    S:1500P H:1500P
    A FEW005 BKN010 BKN020CB 04
 1014
 BECMG 9999 NSW SCT010 BKN020
 COMMENTS: MOD TO SEV TURB IN APCH EXP
 DUE TO COLDFRONT
 INFO  GHT TO MOD ICING WITHIN ERDM AP
 AREA UP TO FL160 WLD VOR U/S
```

mit dem Cockpit aufgenommen. Er wurde in München nach dem neuen „Single Man Pushback"-Verfahren geschult, und so braucht es gleich während des Anlassens der Triebwerke keinen weiteren Techniker mehr.

Drei B767 vor ihrem Langstreckenflug über den Atlantik.

Markus – der Kapitän des Fluges nach Varadero.

Departure
Rollen zum Start und Abflug

Markus und Andreas beginnen nun mit dem Lesen der Before-Start-Checkliste:

BEFORE START
Door Lights . . . . OUT
Fuel Panel . . . . SET
Anti Collision Lt. . . . . ON
Cockpit Door . . . . LOCKED
Packs . . . . OFF / _PSI
Parking Brake. . . . . as required
Crew Mobile Phone . . . . OFF

Was für Passagiere vorgeschrieben ist, gilt natürlich auch für die Besatzung: Diensthandys aus! Da alle Türen verschlossen und auch die Fluggastbrü-cke sowie eine zweite Treppe bereits entfernt wurden, fordert unsere Purse-rette mit der Durchsage „Cabin attendants, all doors in flight and cross-check, bitte" ihre Kolleginnen in der Kabine zum Umstellen der Türen auf Notrutschenbetrieb auf. Sie begrüßt nun die heutigen Passagiere:

Guten Tag, meine Damen und Herren, liebe Fluggäste, hallo liebe Kinder. Im Namen von Condor sowie Kapitän Markus Koch und dem gesamten Team begrüßen wir Sie recht herzlich auf unserem Flug nach Varadero und freuen uns, dass Sie heute Gast an Bord dieser Boeing 767 sind. Unsere *Flugzeit wird 11 Stunden und 20 Minuten betragen. Weitere Informationen zu unserem heutigen Flug erhalten Sie nach dem Start von unserer Cockpitbesatzung. Wir bitten Sie, sich nun anzuschnallen und Ihren Sitzgurt während des gesamten Fluges geschlossen zu halten. Bitte beachten Sie, dass dieser Flug ein Nichtraucherflug ist. Mein Name ist Marion Schneider, ich bin Ihre Purserette auf diesem Flug, und im Namen der gesamten Besatzung darf ich Ihnen jetzt einen angenehmen Aufenthalt bei uns an Bord wünschen.*

Das Passagierbriefing folgt kurz darauf. Hierbei gibt es Hinweise zu Sicherheitsgurten, Tischen und Rückenlehnen, zur Benutzung von elektronischen Geräten, Rauchen an Bord, zur Notausgangsbeleuchtung mit Notausgängen sowie den Sicherheitsinstruktionen. Der Gebrauch von Sauerstoffmasken sowie bei Flügen über Wasser der Schwimmwesten wird für jeden Passagier gut sichtbar vorgeführt. Gerne erinnern sich Flugbegleiter dabei an die eine oder andere „Taufe" von neuen Kollegen in der Kabine. Denn nicht zum ersten Mal wurde eine Demo-Schwimmweste (die sich nicht aufbläst) gegen eine funktionierende getauscht, und die Gäste hatten zum Leidwesen des völlig verblüfften Flugbegleiters während dieser „realen" Vorführung ihre helle Freude.

Es ist sehr empfehlenswert, der Kabinencrew bei ihren Ausführungen genau zuzuhören, um sich den Weg und die Lage der Notausgänge einzuprägen. Es dient letztendlich der eigenen Sicherheit an Bord. Andreas im Cockpit holt sich nun bei München Apron (Vorfeld) auf der 121.77 die Genehmigung für den Pushback:

Pilot
„Munich apron, Condor 2188 at stand 113, request pushback."

Lotse
„Condor 2188, pushback is approved facing north."

Die anschließende Kommunikation mit dem Schlepperfahrer kann hier im Inland auch selbstverständlich in Deutsch durchgeführt werden:

„Boden von Cockpit."

„Hier Boden."

„Ist der Steering Pin gesetzt?"
„Der Steering Pin ist eingesteckt, Bremse bitte setzen."

Unterflurbeladung des Rückflugcatering.
LSG liefert letzte Bestellungen.

„Bremse gesetzt."

Nach der Aufnahme durch das Schleppfahrzeug:

„Cockpit von Boden, bitte die Parkbremse lösen."

„Bremse gelöst. Fertig für Pushback, Nase nach Norden."

„Nase nach Norden. Pushback beginnt alle Triebwerke klar."

Markus gibt dem Schlepperfahrer auch Bescheid, dass er die Maschine zurück auf die Taxiguideline 01 mit

Zügig und konzentriert werden alle Pre-flight Checks erledigt.

Der Schlepper hebt das Flugzeug vorne an, indem es bei gelöster Parkbremse auf die eigene Platform gedrückt wird.

dem „Gesicht" nach Norden schieben kann. Die genaue Off-Block-Zeit wird notiert, und während das Flugzeug noch zurückgeschoben wird, beginnt bereits der Anlassvorgang für die Triebwerke. Dazu werden die gelben Status- und Memo-Messages auf dem EICAS-Display vorübergehend unterdrückt, damit sofort alle eventuell neu auflaufenden Fehlermeldungen beim Anlassen sichtbar werden.

Markus ruft „Right Engine Start", Andreas bestätigt und dreht den Startswitch des rechten Triebwerks am Overhead Panel auf „Ground". Der Startermotor innerhalb des Triebwerkes beginnt nun die Antriebswelle zu drehen, und die Stoppuhr wird aktiviert, um das Zeitlimit des Starters nicht zu überschreiten. Der Öldruck und die immer schneller drehenden Verdichterstufen N2 und N1 werden aufmerksam beobachtet, um beim kleinsten Zwischenfall den Startvorgang sofort abbrechen zu können. Bei Erreichen von 25 % N2 Leistung wird der kleine Fuel Control Switch des rechten Motors unterhalb der Schubhebel im Cockpit auf RUN geschaltet und wiederum die Stoppuhr gestartet. Nun hat die Kerosineinspritzung in die Brennkammer des Triebwerkes begonnen. Der Fuel Flow (Spritdurchfluss) steigt und die Abgastemperatur gewinnt dabei etwas mehr die Aufmerksamkeit der Piloten. Bei 50 % N2 RPM Umdrehungsleistung schaltet der Starter selbsttätig ab, und wir haben einen einwandfreien Triebwerkstart gehabt. Das Ganze wiederholt sich jetzt noch bei Engine Nr. 1, unserem linken Motor. Markus beendet den erfolgreichen Vorgang mit der Aufforderung: „After-Start-Items, bitte." Die Punkte werden dabei wieder bearbeitet oder kontrolliert, und als Bestätigung die zugehörige After-Start-Checkliste gelesen:

AFTER START

APU . . . . as required
Engine Anti-Ice . . . . as required
Left+Right Isolation Sws . . . . OFF
Packs . . . . AUTO
Recall . . . . CKD
Auto Brakes . . . . RTO
Status Display . . . . ON
Windows . . . . CLOSED

Sie staunen, dass auch Fenster auf einer Checkliste erfasst sind? Es wird wirklich nichts dem Zufall überlassen, und wenn plötzlich, bei einer Geschwindigkeit von 150 Knoten, ein nur leicht zugeschobenes und somit nicht ordnungsgemäß verriegeltes Cockpitfenster auffahren sollte, wäre das allemal eine problematische Situation. Der Schlepper hat, nachdem er uns ordnungsgemäß auf „Oscar1" hingestellt hat, die Maschine wieder abgelassen, seine Scheren geöffnet, um wegzufahren, und ist in Sichtweite rechts von uns stehen geblieben.

Andreas ruft nun nach Anforderung durch seinen Kapitän den Apron- oder auch Vorfeldlotsen auf der 121.77:

Aufmerksames Überwachen der Anzeigen während des Triebwerkstarts.

Pilot
„Condor 2188 request taxi."

Lotse
„Condor 2188, taxi to November 2 via Oscar1 and Charly1."

Apron Control hat somit den Weg bis zum Taxiway „November" genau vorgegeben. Bei Apron sitzen im übrigen keine Controller der DFS, sondern FMG-Angestellte des Airports, die mit speziellen Ausbildungen im

Pushback

Verantwortungsbereich des Vorfeldes alle dortigen Rollvorgänge sämtlicher Luftfahrzeuge koordinieren und kontrollieren. Die Rollbrücken von den Vorfeldern zu den Taxiways N-November im Norden und S-Sierra im Süden dienen dabei als Kompetenzgrenze. Der rechte in die Höhe gereckte Daumen des Schlepper-

E011° 45'   E011° 46'   E0

Changes: D-ATIS

N48° 22'

08L
082°
1467

De-Icing Area
RWY 08L

A4

A1 A2
M   M
DA2
N   N
DA3
N1   N2
C1
W1   O1
DA1
C2

APRON 1

C3

W1

CARGO

N48° 21'

HANGAR 1

APRON 9

FIRE
STATION

C4   S6

HANGAR 3   R   S5
HANGAR 4
S4   S5
MAINT 4   R   R   7   S3   APRON 8
MAINT 3   6   S2   MAINT 1   S   S   B8   B11
R   R   S   B6   B8   B7   ✕
S1   S   B4   T   B6   B9
Engine test   S   T   4000 x 60
Hangar   DA1   B4
De-Icing Area   DA2   DA3   B1 B2 B3   2020 167
RWY 08R   2220   B9   B9
2840   B6   22
08R   3800   H   B4
082°   B3   G   B
1486

VAR 1° E
MAG UP

Sheet 31880

AD ELEV **1487**

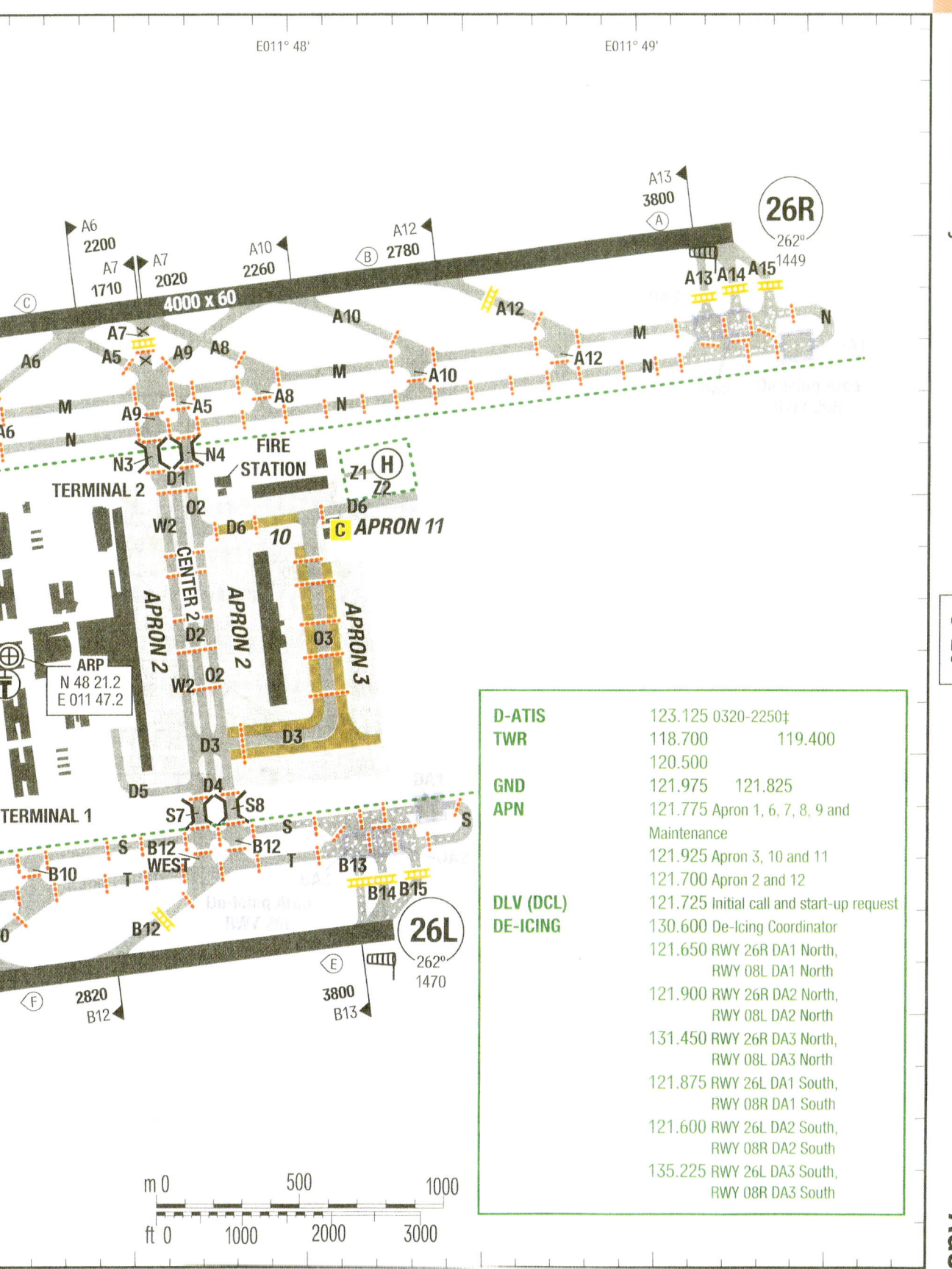

D-ATIS 123.125 0320-2250‡
TWR 118.700 119.400
120.500
GND 121.975 121.825
APN 121.775 Apron 1, 6, 7, 8, 9 and
Maintenance
121.925 Apron 3, 10 and 11
121.700 Apron 2 and 12
DLV (DCL) 121.725 Initial call and start-up request
DE-ICING 130.600 De-Icing Coordinator
121.650 RWY 26R DA1 North,
RWY 08L DA1 North
121.900 RWY 26R DA2 North,
RWY 08L DA2 North
131.450 RWY 26R DA3 North,
RWY 08L DA3 North
121.875 RWY 26L DA1 South,
RWY 08R DA1 South
121.600 RWY 26L DA2 South,
RWY 08R DA2 South
135.225 RWY 26L DA3 South,
RWY 08R DA3 South

26R 262° 1449

26L 262° 1470

ARP
N 48 21.2
E 011 47.2

TERMINAL 1
TERMINAL 2
FIRE STATION
APRON 11
APRON 2
APRON 3
CENTER 2
4000 x 60

Die Reise beginnt
© Florian Negele

fahrers in Sichtweite der Piloten sowie eine kleine Metallstange in seiner linken Hand bedeutet, dass außen alles frei und am Flugzeug entriegelt ist. Den kleinen Steering Bypass Pin – eine kleine mechanische Blockierung der Bugradsteuerung – hat der Fahrer nach dem Absetzen der Maschine gezogen sowie einen weiteren Hebel am Bugfahrwerk umgelegt, damit die Bugradsteuerung für den Kapitän wieder freigegeben ist. Würde diese Steuerungsblockade irrtümlich nicht entriegelt, wäre die Reise bereits an der nächsten Kurve unterbrochen, da das Flugzeug über das Bugfahrwerk am Boden nicht mehr zu steuern ist. Kapitän und Kopilot halten beide unabhängig des Freizeichens ihre Augen offen, ob links oder rechts tatsächlich alles frei ist.

In der Luft sind Kapitän und Kopilot identisch qualifizierte Piloten, am Boden jedoch bewegt und steuert nur der Kapitän das Flugzeug. Der Kopilot könnte es auch gar nicht, da lediglich auf der linken Seite des Kapi-

täns ein Steuerrad (Tiller) existiert. Es erlaubt über das Bugfahrwerk große Lenkausschläge von +/- 70 Grad. Dem Kopiloten verbleibt somit nur eine weitaus geringere Beeinflussung des Rollweges über die Fußpedale des Seitenruders. Hierbei sind lediglich +/- 7 Grad Lenkausschlag erzielbar. Andreas bestätigt mit: „Right side is clear", dass die vom Kapitän nicht einsehbare Seite ebenfalls frei ist. Der Fahrzeugverkehr auf einem großen Flughafen wie München erreicht in Spitzenzeiten durchaus Innenstadtniveau. Dabei könnte manch einer unter Zeitdruck versuchen, noch schnell vor uns das Vorfeld zu kreuzen, zumal wir ja für einige Minuten eine wichtige Verbindungsstraße blockiert haben. Die Taxilichter sind eingeschaltet, und Condor 2188 setzt sich in Bewegung! Markus bringt die schwere Maschine mit etwas Schub auf ca. 10 Knoten Geschwindigkeit.

Während des Rollens, noch auf dem Vorfeld, wird ein Bremsentest über die Pedale durchgeführt. Andreas lässt jetzt nach Aufforderung durch seinen Kapitän die Flaps auf 5 Grad ausfahren. Beim Flight Control Check unmittelbar im Anschluss werden Höhen-, Quer- und Seitenruder auf vollen Ausschlag, also auf volle Freigängigkeit hin, überprüft. In der Kabine lief bereits das Sicherheitsvideo und unsere Purserette hat die Kabine und Galley anschließend für den Start klar gemeldet. Anschließend wird die Außenkamera aktiviert. Eine prima Möglichkeit für die Passagiere, „mit den Augen der Piloten zu sehen".

Jetzt, nachdem hier in München der Mittagspeak vorüber ist, verbleiben wir auf der Apron-Frequenz, um danach direkt an den Tower weitergereicht zu werden. Bei ansonsten sehr hohem Verkehrsaufkommen würde ATC noch einmal Ground Control zwischenschalten und uns auf dem Taxiway N mit „monitor tower frequency" verabschieden. Hierbei sind die Piloten dann auf der Towerfrequenz lediglich hörbereit und warten so lange ab, bis sie selbst vom Towerlotsen kurz vor dem Holding Point am Kopf der Runway gerufen werden. Eine spürbare Entlastung.

Wir befinden uns mittlerweile „on the bridge N2", auf der Brücke über dem nördlichen Flughafenzubringer, und hören aus den Kopfhörern:

Lotse
„*Condor 2188 contact tower now on 118.7, bye.*"
Andreas meldet sich beim Tower:

Pilot
„*Tower, grüß Gott, Condor 2188 on November 2.*"

Lotse
„*Condor 2188 tower hello, continue holding position 26 right via November and A13.*"

Es wird jetzt Zeit, die Taxi Checklist zu lesen.

TAXI

Brakes	CKD
Flaps	(5°)
Flight Controls	FREE
Sec.Eng.Display	ON
Dep.Route	_/CKD
Cabin Report	RCVD

Erst zum Anflug auf Varadero in vielen Stunden wird die nächste Checkliste benötigt werden.

Gut drei Kilometer Spazierfahrt auf Taxiway N-November bis zum Anfang der Bahn 26 rechts zum dortigen Holding Point A13 stehen nun auf dem Programm. Das gibt unserer Crew genügend Zeit, sich ein weiteres Mal die Departure Route und, noch viel wichtiger, das „Was ist wenn", also das RTO Briefing für einen eventuellen Startabbruch sowie das Engine Failure Procedure ins Kurzzeitgedächtnis zu rufen. Markus wird sich als Pilot flying, auch bei einem eventuellen Zwischenfall kurz nach dem Start, einzig auf das reine Fliegen des Flugzeuges konzentrieren. Ihm, wie auch jedem anderen Flugschüler während der Ausbildung, wurde seitens der Fluglehrer von Anfang an das (über-) lebenswichtige Motto eingebläut: „First, FLY your airplane!!" Denn was hilft z.B. ein gelöstes elektrisches Problem, wenn dabei die Kontrolle über die Maschine verloren geht? Kapitän und Kopilot „scannen" jetzt systematisch ein letztes Mal vor dem Start alle Anzeigen auf Fehlfunktionen und Abnormalitäten. Es gibt aber keinerlei Hinweise auf ungewöhnliche Abweichungen, und so brieft der Kapitän noch ein paar Items und Highlights:

„So, der Squawk 4126 ‚is on', die erste Höhe Flight Level 70 ist gesetzt, und wir fliegen mit Runway Heading 262° bis dreieinhalb Meilen DME Nord oder mindestens 1900 Fuß Höhe geradeaus, whichever is later.

Taxi out via November 2.

LNAV ist aktiviert. Die Departure Frequenz 123.9 ist ebenfalls gerastet. Wie besprochen verhalten wir uns ‚go minded' und in Case of Engine Failure bei V1 gehen wir geradeaus weiter, und dann laut EFP (Engine Failure Procedure) bei 3000 Fuß rechts rum nach Mike. Wir steigen erst mal nur auf 5000 Fuß. Wir sind recht schwer und liegen mit 39 Tonnen deutlich über dem maximalen Landing Weight, aber wenn Feuer oder Rauch im Spiel ist, kommen wir trotzdem bei den langen Bahnen hier in München sofort wieder zurück."

Markus hat Lateral Navigation (LNAV) am Mode Control Panel aktiviert,

Für die Nordbahn zuständige Towerlotsin und Groundlotse Nord

damit der zugeschaltete Flight Director den horizontalen Flugweg anhand eines Ablagebalkens anzeigen kann. Die Cockpittüre ist verschlossen, Laptops und Handys sind ausgeschaltet und verstaut, und so warten wir eigentlich nur noch, bis wir an der Reihe sind. Vor uns rollt eine B767 der US Air an den Start. Sie hat Philadelphia zum Ziel und wird anfänglich ein ähnliches Routing haben.

Lotse
„Condor 2188, behind departing US 767 line up runway two six right behind",
heißt die konditionelle Freigabe für uns, nachdem die US Air auf die Startbahn gerollt ist.

Pilot
„Condor 2188 behind departing US Air 767, line up behind",
bestätigt daraufhin Andreas.

Nach mehreren Missverständnissen beim Lineup (Aufrollen auf die Bahn) in der Vergangenheit ist es in der zivilen Luftfahrt zum Standard geworden, den Term „Behind" noch-

mals deutlich am Ende der entsprechenden Freigabe und deren Bestätigung anzufügen. Der Kapitän darf die Maschine also auf die Startbahn rollen, und die drei Lineup Items Strobelights, TCAS und vor allem der Transponder werden letztmalig überprüft, ob sie aktiviert sind. Der Radarlotse soll uns ja unmittelbar nach dem Start mit den wichtigsten Daten wie Rufzeichen, Geschwindigkeit und Höhe erkennen können. Da natürlich auch die Boeing B767 der US Air entsprechende Wirbelschleppen hinter sich herzieht, lässt der Towerlotse zwischen der gestarteten und mittlerweile in grauen Wolken verschwundenen US Air B767 und uns vier Meilen Abstand entstehen. Mit:

Lotse
„Condor 2188, wind 300/ 22 knots gusting 35 knots. Cleared for takeoff runway 26 right",
wird die Takeoff Clearance erteilt. Dem Prinzip „sehen und gesehen werden" folgend, schaltet Markus die Landescheinwerfer dazu und ruft „Takeoff". Die Bremsen werden gelöst, die Stopp-

uhr gestartet und die Schubhebel manuell von ihm auf rund 1.1 EPR Triebwerksleistung vorgeschoben.

Nun haben beide Motoren ein paar Sekunden Zeit sich zu stabilisieren, und nach Aktivieren des Thrust (THR-)Switches zieht das Autothrottle System beide Schubhebel selbsttätig auf die berechnete Startleistung von 1,59 EPR. Diese ist zuvor nach der Assumed Temperature Methode errechnet worden. Dabei legt man die Temperatur zugrunde, mit der man bei gegebenem Gewicht gerade noch starten könnte, und somit werden die „Balanced Field Conditions" erreicht. D.h. die Bahnlänge ist ausgereizt und man kommt im Falle eines Startabbruchs kurz vor „GO" (V1-3 kts) gerade noch zum Stehen. Andreas beobachtet den Vorgang und die Engine Parameter sehr aufmerksam. Sollte die Crew zum Start eine falsche Konfiguration gewählt haben, wie eine nicht gelöste Parking Brake, kein vollständiges Einfahren der Speedbrakes oder Stabilizer Trim außerhalb des grünen Bandes in der Anzeige, sowie die Flaps nicht in Takeoff-Position, würde ein lauter Warnton die Piloten auf den Fehler aufmerksam machen, um den Start bei niedriger Speed unverzüglich abbrechen zu können. Nur anfänglich hält Markus den schweren Vogel mit seinem kleinen Steuerrad auf der Runway Centerline. Mit zunehmender Speed wird das Seitenruder ausreichend angeströmt, um auch die Steuerung um die Hochachse beim Takeoff Roll zu übernehmen. Markus dirigiert dazu das Seitenruder über die Ruderpedale und hält das Steuerhorn mit seiner linken Hand leicht nach vorne gedrückt, um ein zu frühes Rotieren zu verhindern. Seine rechte Hand ruht derweil bis zur „GO or NO GO" Decision Speed V1 (-3 Knoten aufgrund der Reaktionszeit) auf den Schubhebeln, um diese bei einem Startabbruch blitzschnell wieder schließen zu können. Schnell sind 60 Knoten erreicht, und nachdem die Schubleistung vollautomatisch auf die Startleistung 1,59 EPR gefahren wurde, meldet sich Andreas mit dem Callout: „Takeoff Thrust set." Im Primary Flight Display wechselt der Autothrottle Mode auf THR HLD für Thrust Hold.

Nur einen kleinen Moment später bei 80 Knoten (148 km/h) heißt es dann durch den Kopiloten: „Eighty." Markus bestätigt mit: „Checked." Würde die Bestätigung in diesem Moment nicht erfolgen, muss der Kopilot sofort bei 100 Knoten mit einem weiteren Callout versuchen, das „Checked", also den Crosscheck der Speedanzeige durch beide Piloten, aber momentan noch viel wichtiger die notwendige Bewusstseins-Bestätigung von seinem Kapitän, zu erhalten. Wäre auch diesmal keine Reaktion gekommen, würde Andreas mit einem kurzen und präzisen Ausruf „STOP" den Start selbsttätig abbrechen. Denn er muss davon ausgehen, dass sein Kapitän aus irgendeinem Grunde in dieser sehr wichtigen Phase nicht bei der Sache ist. Bei allen anderen denkbaren Situationen verbleibt die letzte Entscheidung für einen RTO – also die Autorisierung des Startabbruchs – immer beim Kapitän. Und auch nur der Kapitän selber wird diesen dann auch durchführen. Das hat aber nichts damit zu tun, dass ein Kapitän immer einen Start abbricht, wenn sein Kopilot eine rechtfertigende Beobachtung laut und deutlich ausruft. Es zeugt nur von einem guten CRM (Crew Ressource Management) und stellt ebenfalls eine klassische Simulatorübung dar. Nicht nur Andreas als PNF lässt seine Augen in dieser Phase ständig über die wichtigsten Anzeigen und Triebwerksparameter gleiten, auch die Augen von Markus wandern zum Abgleich immer wieder von der Runway außen auf die Anzeigen im Cockpit zurück. Unmittelbar bevor Andreas bei genau 153 Knoten (283 km/h) laut und deutlich „Go" ruft, nimmt der Kapitän seine rechte Hand von den Schubhebeln. Das Flugzeug wird nun abheben, egal was passiert. Rund 45 Sekunden hat der Takeoff Roll gedauert, und da beide Piloten aufs Äußerste konzentriert sind, eigentlich eine kleine Ewigkeit. Bei 167 Knoten (309 km/h) und dem Ausruf durch Andreas „Rotate!" zieht Markus leicht, aber bestimmt am Steuerhorn, um die Boeing in die so genannte Liftoff Attitude zu bringen. Ein zu starkes Rotieren könnte dabei einen Tailstrike verursachen. Dieses Aufsetzen mit dem Heck auf dem Beton der Runway würde unweigerlich ein Zurückkommen der Maschine für eine relativ umfangreiche Kontrolle bedeuten. Kurz nachdem eine positive Steigrate angezeigt wird, kommandiert der Kapitän seinem First Officer mit „Gear up!", das Fahrwerk einfahren zu lassen.

Bevor das Fahrwerk nun hydraulisch eingezogen wird, werden die noch schnell drehenden Räder automatisch abgebremst. Der Grund: Durch ihre eigene Masse wirken die Räder wie Kreisel, deren Drehbewegung die Steuerbarkeit eines Flugzeuges unmittelbar beeinflussen kann. Rumpelnd verschwinden die drei Fahrwerke mit ih-

Cleared for Takeoff ...

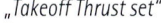
„Takeoff Thrust set"

ren insgesamt 10 Rädern im Bauch der Maschine. Das Flugzeug kann nun durch den geringer werdenden Luftwiderstand deutlich besser beschleunigen. Mit gut 180 Knoten (333 km/h) fliegt Markus die ersten Höhenmeter (bis ca. 1500 Fuß über Grund), um anschließend bei seinem Kopiloten „VNAV" anzufordern. Dazu schaltet

Andreas jetzt die Flightdirector-Anzeige des gewählten vertikalen Flugwegs auf die Primary Flight Displays.

Exakt hält Markus Kurs, um sich durch den Windeinfluss nicht von der verlängerten Grundlinie der Runway versetzen zu lassen. Dieses ist gerade im Parallelbetrieb der beiden Bahnen in

ein Takeoff auf der Südbahn mit der D-ABUH
© Thomas Schmidt

München sehr wichtig. Momentan, also unmittelbar nach dem Start, sind lediglich Flight Director und Autothrust System zugeschaltet. Die automatische Schubkontrolle sorgt dafür, dass die benötigte – vom FMS kalku-

zu sehen die Feuerwache Süd © Anto Blazevic

Gear Up © Dario Crusafon

Airborne
© Benny Bartels

lierte – Triebwerksleistung beim Take-off und auch Initial Climbout konstant zur Verfügung steht. Die momentane Steigrate ist auf runde 1400 Fuß pro Minute reduziert worden, um zügig weiter beschleunigen zu können. Es wird nicht etwa die Triebwerksleistung erhöht, um weiter Fahrt aufzunehmen, sondern es wird die Pitch (der Anstellwinkel) verringert, also etwas flacher gestiegen. Engine Anti-Ice ist aktiviert, um bei den sehr niedrigen Temperaturen innerhalb der Wolken jeglichen Eisansatz am Motor zu verhindern. Pro Stunde kostet die dafür benötigte Mehrleistung der Motoren ca. 100 kg Treibstoff. Die Schubleistung der Triebwerke wird nun wie

Climb out
© Thomas Naas

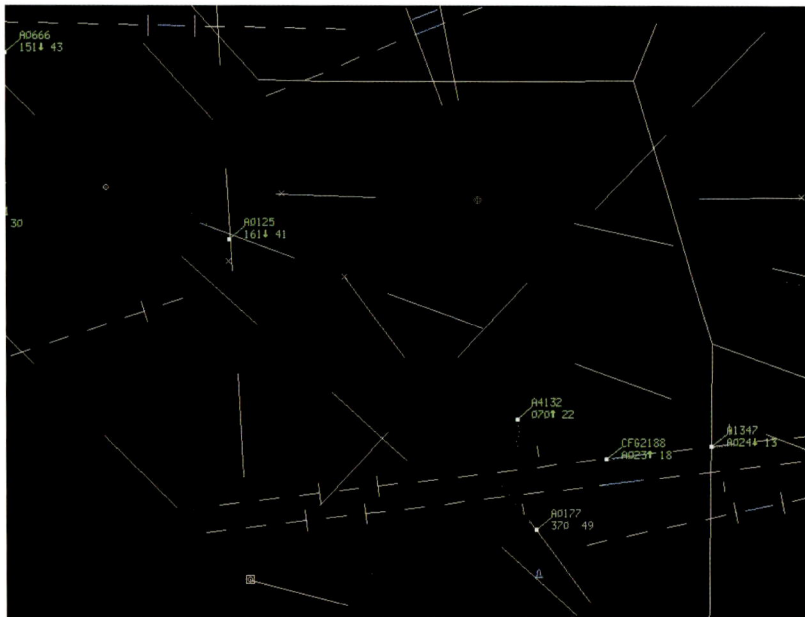

Bilder oben und unten:
Diese original Radarbilder unseres Abfluges wurden mir freundlicherweise von der DFS zur Verfügung gestellt. Aus datenschutzrechtlichen Gründen ist nur der eigene Flug mit CFG2188 eingeblendet. Alle anderen Flüge zeigen den Transponder-Code. Die Maschine direkt vor uns ist bereits nach Norden abgedreht, und wir durchfliegen über dem Ende der Startbahn mit 180 Knoten eine Höhe von 2300 Fuß. Unten befinden auch wir uns in der Rechtskurve nach Norden zum NDB Funkfeuer Mike und haben nunmehr bei 200 Knoten 5000 Fuß erreicht.

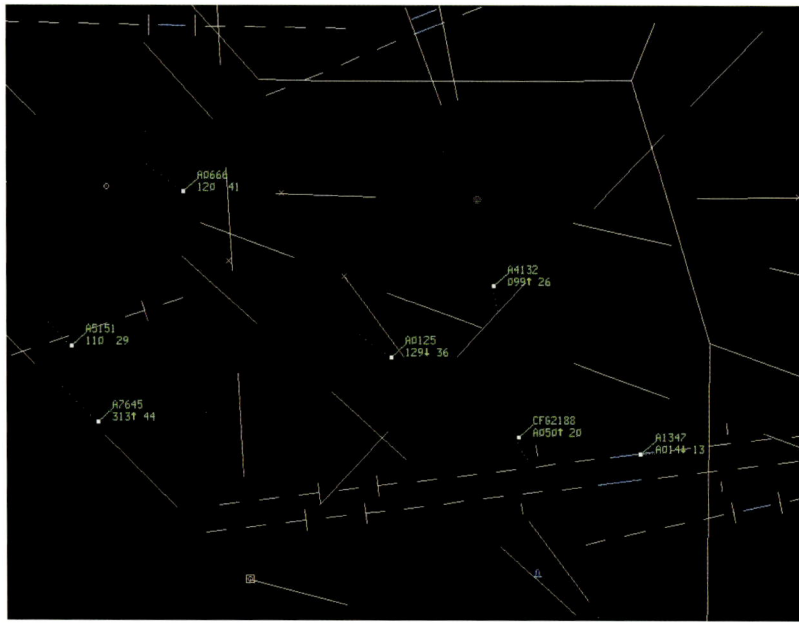

gewünscht durch die Automatik von der höchsten Stufe „Takeoff Thrust" auf die geringere „Climb Thrust"-Leistung zurückgenommen, und der Towerlotse hat uns verabschiedet:

Lotse
„Condor 2188 change over departure now on 123.9. Servus."

Andreas hat die Frequenz bereits gerastet und kann somit direkt den Lotsen der Abflugkontrolle rufen:

Pilot
„München departure, grüß Gott, Condor 2188 passing 1800 climbing flight level 70."

Lotse
„Condor 2188 radar contact, continue climb flight level 190."

Somit hat der Lotse bestätigt, dass ein einwandfreier Radarkontakt besteht, und uns gleichzeitig die Freigabe, auf knapp 6000 Meter Höhe (FL190) steigen zu dürfen, erteilt. Bei Initial Contact auf einer Frequenz sollte eigentlich bei Wide-Body-Flugzeugen, aufgrund ihrer Wirbelschleppen, dies mit dem Term „Heavy" kundgetan werden. Es betrifft alle Flugzeuge über 176 MTOW inklusive der kleineren Boeing B757. Gedacht ist der Hinweis für Cockpitbesatzungen, dass es hinter der einige Meilen vorausfliegenden Maschine etwas ungemütlicher werden könnte. In der Praxis allerdings meldet sich bei ATC über Europa kaum ein Pilot mit diesem Anhang. Nur später die amerikanischen Fluglotsen erwarten definitiv beim Initial Call auf einer Frequenz den „Heavy"-Zusatz. Wir waren bereits mit Callsign, Höhe und Geschwindigkeit unmittelbar nach dem Abheben über dem Ende der Runway in einer Höhe von 1800 Fuß und mit einer Geschwindigkeit von 180 Knoten auf dem Radarschirm der Abflugkontrolle sichtbar. Die vielen Fluglotsen, die von nun an unseren Flug betreuen, sitzen allesamt in großen Radarzentralen (Center) der DFS und später in entsprechenden ausländischen ATC-Dienststellen. Tower- und

Centerlotsen gehören bei der DFS zu separaten Geschäftsbereichen.

Gestiegen wird momentan mit 2400 Fuß pro Minute. Wir durchfliegen 4200 Fuß Höhe mit 190 Knoten Geschwindigkeit und nach 3,5 Meilen dreht Markus die Maschine mit Kurs 348 Grad auf der Abflugroute in nördliche Richtung zum NDB Funkfeuer MIKE. Solange das Wetter mitspielt, ziehen viele Piloten ein manuelles Fliegen bis min. 5000 Fuß, und so manches Mal auch bis FL 100, dem unmittelbaren Einsatz des Autopiloten vor. Idealerweise sollte das Flugzeug vor dem Zuschalten des Autopiloten sich mit vollständig eingefahrenen Klappen bereits in der „Clean Configuration" befinden. Bei rund 215 Knoten werden die Flaps nun auf 1 Grad zurückgefahren. Mit dem stufenweisen Einfahren der Klappen wird die Gesamtfläche der Flügel reduziert. Die Physik ermöglicht es. Je schneller, desto weniger Tragfläche wird benötigt. Bei Erreichen von 5000 Fuß heißt es im Cockpit „Transition", damit auf beiden Höhenmessern wieder vom örtlichen Münchner auf den weltweit allgemein gültigen barometrischen Standardluftdruck von 1013 hPa Hektopascal oder im amerikanischen Luftraum 29.92 Hg Inches (Zoll) umgestellt wird. Ein Höhenmesser ist im Prinzip nichts anderes als ein präziser Barometer, der natürlich keine Höhe selbstständig messen kann, sondern einen Luftdruck ausweist, dem eine Höhe zugewiesen ist.

Bereits im Jahre 1648 erkannte in Frankreich der Mathematiker und Physiker Blaise Pascal, dass Luftdichte und Druck mit zunehmender Höhe abnehmen. Laut barometrischer Höhenstufe sind es im Durchschnitt alle acht Meter je 1 Hektopascal. Es mag verblüffen, wenn man hört, dass Piloten die tatsächliche Höhe ihres Flugzeuges während des Fluges gar nicht genau kennen. Mal fliegen sie z. B. 60

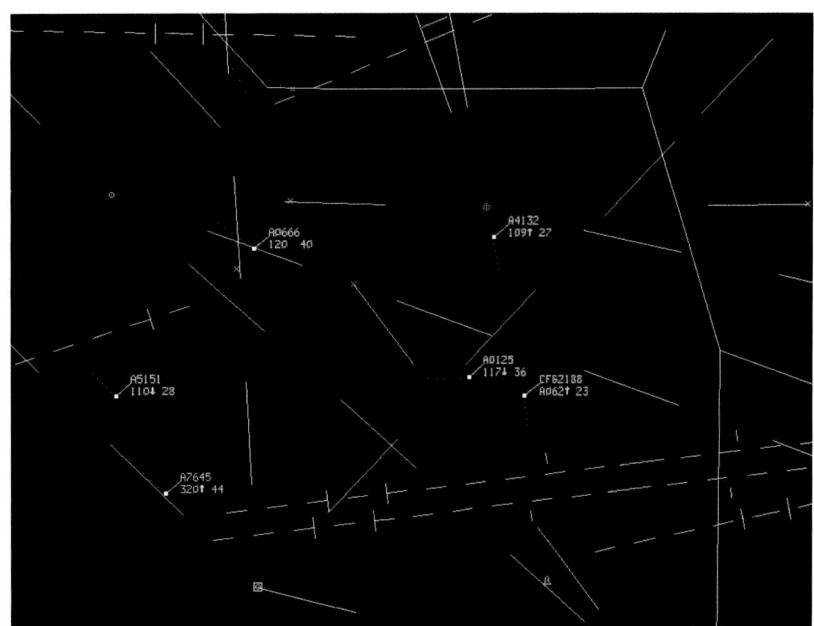

Eine gefährliche Annäherung? Nein, denn die mit 360 kts von links kommende Maschine sinkt durch Flight Level 117 (11700 Fuß), während wir uns bei Flight Level 062 (6200 Fuß) im Steigflug befinden, nur ist der vertikale Höhenunterschied (min.1000 Fuß) natürlich völlig ausreichend.

CFG2188 befindet sich kurz vor Mike. Die B767 vor uns überfliegt gerade Ingolstadt.

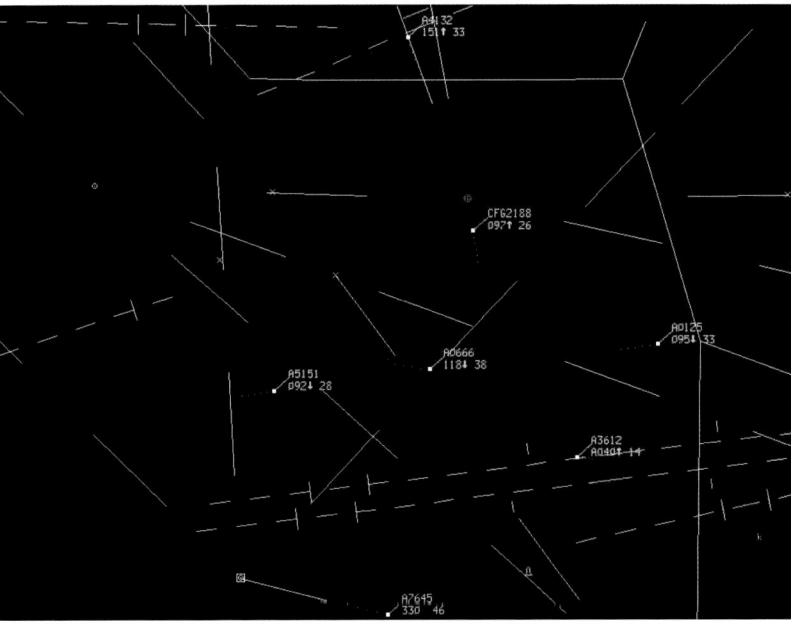

„Just airborne"

Meter höher, mal 40 Meter tiefer, als ihre Höhenmesser im Cockpit eigentlich anzeigen. Das bedeutet, bei Hochdruck über 1013 hpa bewegen sich die Luftfahrzeuge tatsächlich höher, und bei Tiefdruck unterhalb des Standardwertes daher tatsächlich entsprechend tiefer. Dieser erstaunliche Umstand geht aber vollkommen in Ordnung, da in Flugzeugen dies durch die Einstellung des einheitlichen Standard-Barometerdrucks an den Höhenmessern ja gemeinsam geschieht. Am Boden bzw. in Airportnähe wird in der Luftfahrt der aktuelle

örtliche Luftdruck verwendet, damit Höhenmesser zu Start und Landung in die Lage versetzt werden, die tatsächliche Flughöhe über Meeresspiegel anhand des Drucks sehr präzise zu ermitteln.

Bei Erreichen von 234 Knoten (445 km/h) bittet Markus mit „Flaps up", die Flaps vollständig einzufahren. Das Flugzeug fliegt nun in „Clean Configuration". Die vom Flight Management Computer kalkulierte „Flaps up Speed" der jeweiligen Stufen ist am elektronischen Speedband des Primary Flight Displays abzulesen. Am analogen Geschwindigkeitsmesser wurden dafür im Vorhinein die kleinen weißen Speedbugs als Markierung von der Crew gesetzt.

Das NDB Funkfeuer MIKE überfliegt Condor 2188 in einer Flughöhe von exakt Flight Level 104 oder 10400 Fuß, mit einer Speed von mittlerweile 270 Knoten (500 km/h). Inzwischen hat Markus die Steuerung des Flugzeuges erstmalig an den mittleren der drei unabhängig voneinander arbeitenden Autopiloten (APs) delegiert und mit LNAV und VNAV einen vollautomatischen Mode gewählt, in dem die Daten des vorprogrammierten horizontalen und vom Flight Management Computer ständig optimierten vertikalen Flugweges aus dem FMS an die Flight Control Computer des Autopiloten weitergeleitet werden. Während des weiteren Climbouts wird der Autopilot im Speed Hold Mode betrieben, um gewünschte Geschwindigkeiten sicherzustellen. Das Autothrottle System sorgt derweil für gewählte und benötigte Triebwerksleistungen.

Theoretisch und rein technisch betrachtet könnte die Crew nach der Devise „set and forget" verfahren und die Hände für längere Zeit in den Schoß legen. Die Maschine würde in der Tat selbstständig die komplette Route bis zum Anflug auf Varadero abfliegen. Wäre der Airport auf Kuba auch mit einem ILS CAT 3 System ausgestattet, würde das FMS zusammen mit den drei Autopiloten der Boeing 767 selbst den automatischen Anflug mit Landung ermöglichen. Lediglich das Einleiten des Sinkfluges, Fahren der Landeklappen und des Fahrwerks sowie die Geschwindigkeitsreduzierung müssen manuell durchgeführt werden. Die Praxis sieht natürlich erheblich anders aus. Ein ständiges Umsetzen der ATC-Anweisungen sowie ein permanentes kritisches Beobachten und Interpretieren sämtlicher Bordsysteme, um beim kleinsten Zwischenfall sofort eingreifen zu können, ergeben ein deutlich anderes Bild. Sie können sich als Leser dieses Buches nur allzu leicht davon überzeugen. Trotz berechtigter Technikgläubigkeit heutzutage sollte über allem immer die Devise stehen: „Do not allow the FMS to fly YOU!"

Man möchte nicht irgendwie, sondern so sicher, komfortabel und wirtschaftlich wie möglich an der Destination ankommen. Scheinbar stimmt der alte Joke doch nicht so ganz, dass die Flugzeuge von morgen nur noch einen Kapitän und einen Dober-

Unser original DFS-Kontrollstreifen mit den Daten zum Routing, zu Flugzeiten und zu geplanten und aktuellen Höhenangaben.

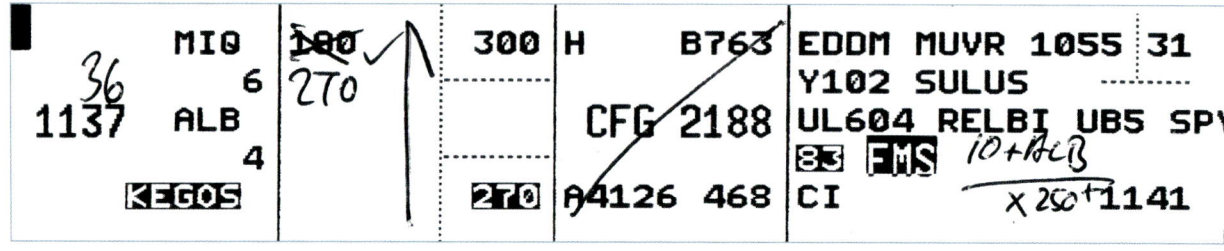

mann-Rüden im Cockpit haben werden. Der einzige Job des Kapitäns wäre es dann, den Dobermann zu füttern, und dieser ist wiederum nur dafür da, dem Kapitän in die Hand zu beißen, sobald er auch nur ansatzweise versucht, im Cockpit irgend etwas zu berühren.

Lotse
„Condor 2188 contact München Radar on 129.1, bye."
Andreas ist somit bereits nach kurzer Zeit aufgefordert worden, den nördlichen Sektor von „Munich Radar" zu rufen:

Pilot
„München Radar, Condor 2188 flight level 140 climbing level 190."

Alexander Mohamed ist der verantwortliche Lotse dieses Sektors für uns. Er hat den Kontrollstreifen des Flugdatenbearbeiters mit allen relevanten Infos zum Flug Condor 2188 wenige Minuten zuvor bekommen.

Seine momentane Aufgabe ist es, den Flug auf eine bestimmte Übergabehöhe zu bringen, damit er vom Nachfolgesektor auch standardmäßig akzeptiert wird. Und so lautet seine Bitte und Begrüßung:

Lotse
„Condor 2188 München Radar hallo, identified. Climb flight level 270 to cross 10 miles after Allersberg at flight level 250 or above."

Markus stellt im Cockpit die neue Höhe von Flight Level 270 (8230 m) des vom Münchner Lotsen vorgegebenen Altitude Constraint über das Mode Control Panel des Autopiloten ein. Zudem erhöht er die Steigrate minimal, um auch ganz sicher die zugewiesene Mindesthöhe von FL 250 10 Meilen hinter dem Allersberg VOR Funkfeuer ALB zu erreichen. Wenn der Autopilot aktiviert ist, stellt der PF als verantwortlicher Flugzeugführer die Höhe ein. Der VNAV-Mode der

Fluglotse Alexander Mohamed an seinem Arbeitsplatz.

Automatik wird nun deaktiviert, und das Flugzeug bewegt sich momentan im FL-CH (Flight Level Change)-Modus, da die Piloten das vom Computer berechnete und auch vom Autopiloten geflogene vertikale Steigprofil manuell unterbrechen und beeinflussen mussten. Die ersten dicken Wolkenschichten haben wir unter uns gelassen und erfreuen uns immer mehr des Sonnenlichtes im Cockpit. Ingolstadt wurde nach rund acht Minuten Flugzeit in Flight Level 140 (knapp 4270 Meter) und mit nunmehr einer Speed von 300 Knoten (555 km/h) überflogen.

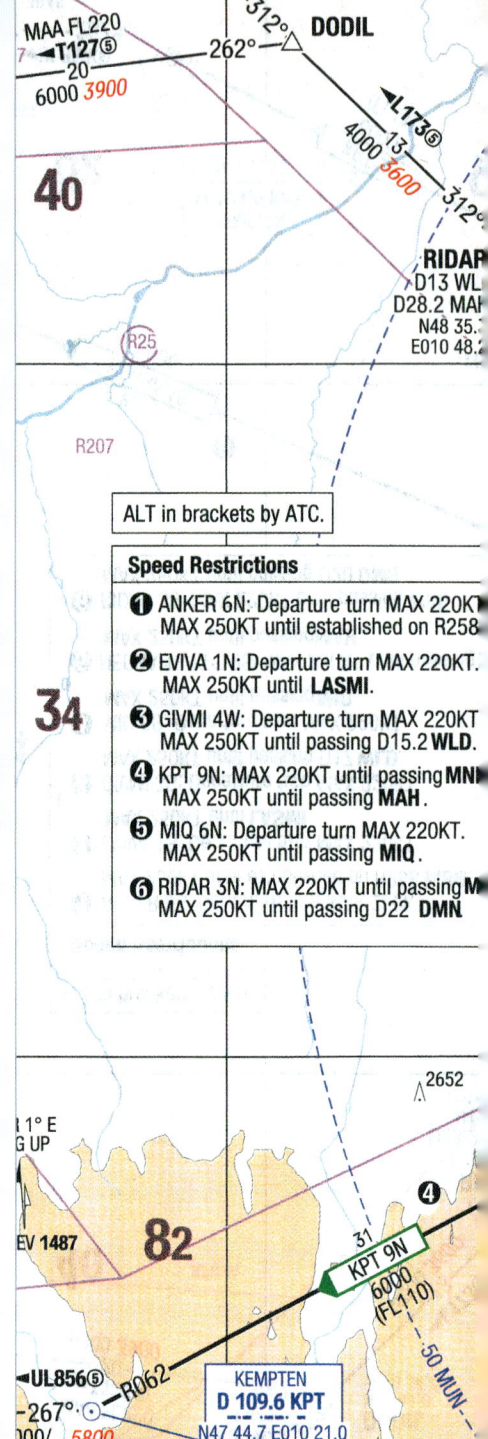

Flugsicherung München
Steigflug über Bayern

Der nördliche Sektor von München Radar, durch den es gerade geht, hat für die Lotsen einige Besonderheiten zu bieten, da auch militärische Basen wie Neuburg an der Donau in ihm liegen. Und somit ist hier reger militärischer Verkehr möglich. Neuburg beheimatet z. B. die für den gesamten süddeutschen Raum zuständige Alarmrotte der Bundesluftwaffe, das Jagdgeschwader „Mölders".

Als Anfang Januar 2003 ein geistig verwirrter Pilot eines Motorseglers damit drohte, sein Leichtflugzeug in ein Frankfurter Hochhaus zu stürzen, sind mehrere Phantom-Abfangjäger der Luftwaffe hier aus Neuburg heraus gestartet. Mit allen Vorrechten, die ihnen in dieser Situation zuteil wurden, donnerten sie in kurzer Zeit nach Frankfurt, um vor Ort auf weitere Einsatzbefehle zu warten. Ein erhöhter Koordinationsaufwand seitens der Lotsen ist in solch einer Situation natürlich notwendig. Aber auch Ingolstadt-Manching, wo regelmäßige Testflüge des neu entwickelten Eurofighters ihren Ursprung haben, sorgt immer wieder für etwas Abwechslung auf den Radarschirmen der Lotsen. Denn „Targets" der Militärjets bewegen sich um ein Vielfaches schneller auf dem Radarschirm.

Schier unglaubliche Steigraten der so manches Mal mit zugeschaltetem Nachbrenner fliegenden Militärjets hinterlassen bei den Lotsen immer wieder fasziniertes Staunen.

Auf Anfrage aus Ingolstadt wird durch die DFS des öfteren ein eigener Lotse abgestellt, der diese Testflüge betreut und gesondert koordiniert. Somit kann der neue europäische Eurofighter, der im Sommer 2003 die Musterzulassung erhalten hatte, konfliktfrei auf Herz und Nieren überprüft werden. Alexander hat unter anderem in seinem Sektor die aus Südosten einfliegenden Maschinen mit dem Ziel Frankfurt zu koordinieren, um sie in einer vereinbarten Höhe später an den Nachfolgesektor „Frankfurt Radar" abgeben zu können.

Fluglotsen müssen sich jeweils für die einzelnen Radarsektoren mit ihren speziellen Eigenheiten qualifizieren, denn nur Spezialisten beherrschen ihr Metier aus dem Effeff. Vergleichbar mit einem jeweils benötigten Piloten-Type-Rating (Musterzulassung), um den Flugzeugtyp auch fliegen zu dürfen. Die DFS vertritt die sehr sinnvolle Philosophie, dass möglichst immer zu zweit vor dem Radarschirm gearbeitet wird. Eine Lotsin oder ein Lot-

se kontrolliert jeweils den Verkehr und kommuniziert mit den Piloten, während die Kollegin oder der Kollege die notwendige Koordination mit ATC-Dienststellen im In- und Ausland übernimmt. Beide beobachten aber sehr genau den Flugverkehr. Würde unser Condorflug 2188 heute nicht in der Lage sein, die von ATC gewünschte Höhe von min. FL 250 10 Meilen hinter Allersberg zu erreichen, müsste bei den Kollegen des Anschlusssektors der UIR Berlin vom

*Die SID MIQ4N Abflugroute bis Ingolstadt.
(Diese neue Karte zeigt bereits die neue
Bezeichnung MIQ6N SID.)*

© Lufthansa Systems FlightNav

Münchner Lotsen angefragt werden, ob der Flug trotzdem in der niedrigeren Höhe akzeptiert wird. Großflächige Gewitterfronten fordern in den Sommermonaten den Frauen und Männern vor den Radarschirmen so einiges ab, da Piloten Gewitterzellen selbstverständlich meiden „wie der Teufel das Weihwasser" und nach Absprache mit ATC immer wieder vom geplanten Kurs abweichen müssen. Unter solchen Bedingungen kann es geschehen, dass auch aus Sicherheitsgründen die Anzahl der einfliegenden Luftfahrzeuge in einen Sektor kurzfristig reduziert werden muss. Sie als Passagier könnten also auch am Boden in München eine Abflugverzögerung ihres Fluges in nördlicher Richtung erleben, weil z. B. „Frankfurt Radar" im Sektor um Würzburg herum nur noch einen Teil der geplanten Maschinen aufgrund dortiger Gewitterzellen akzeptiert. Ist die Kapazitätsgrenze eines Sektors erreicht, wird der diensthabende Wachleiter in der Radarzentrale eingreifen, um seine Lotsen optimal und somit bedarfsgerecht einzusetzen. Er ist als Vorgesetzter seiner Schicht für einen sicheren und geregelten Ablauf mit verantwortlich.

weisen. Alexander hat sehr viel Gefallen an dem Beruf des Fluglotsen gefunden. Nach dem Abitur hat er die hohe Hürde des DLR-Eignungstests in Hamburg genommen und konnte 1998 seine Ausbildung an der DFS-Akademie in Langen beginnen. Nach einem Jahr Theorie, denn Fluglotsen müssen sich unter anderem mit Fächern wie Navigation und Flugleistungskunde auseinandersetzen, folgte eine 6-monatige Ausbildung am Radarsimulator in Langen. Als gebürtiger Neufahrner kam er in den Genuss, die weitere Ausbildung in seiner Heimat am Münchner Flughafen fortsetzen zu können. Nochmals 1 $^1/_2$ Jahre Schulung und Arbeit am Radarschirm unter Supervision wurden ihm zuteil, bis er in Etappen schließlich alle benötigten Zulassungen für den Lotsenberuf erhalten hat.

Münchner Approach-Sektor © DFS

Radaranlage „Großhaager Forst" (zuständig für Teile des Münchner Luftraumes). © DFS

Einige Fluglinien wie Condor haben unter ihren Crews „Verbindungspiloten" zur DFS, die regelmäßig Controller/Pilot's Meetings organisieren. Markus Koch ist einer von ihnen und lobt ausdrücklich das offene und sehr gute Verhältnis zur DFS. Verständnis füreinander, und auch Fachkenntnisse über die jeweils andere Seite, führen nicht nur zu einem harmonischen Miteinander, sondern erhöhen letztendlich die Sicherheit in der Luft. Wenn Flüge bereits früher als geplant ihren Zielort erreichen, ist dies dem Umstand zu verdanken, dass sich die DFS auf die Fahne geschrieben hat, den Verkehr nicht nur jederzeit sicher, sondern auch so zügig wie möglich abzuwickeln. Rechnen Sie also lieber damit, dass die Fluggäste, die Sie vom Münchner Flughafen abholen möchten, bereits in der Erdinger Sportsbar des Ankunftsbereiches im neuen Terminal 2 sitzen und auf Sie als Abholer warten. Der geflügelte Spruch, dass ein Fluglotse an einem einzigen Tag für mehr Menschenleben die Verantwortung übernimmt als ein Chirurg in seiner gesamten Laufbahn, ist dabei nicht so ganz von der Hand zu

Zurück an Bord, hat sich die erste Anspannung gelöst, und im Cockpit treten routinemäßige Arbeiten wie das Überwachen der wichtigsten Triebwerksparameter sowie der Fluginstrumente in den Vordergrund. In der Kabine sind No-Smoking und Anschnallzeichen erloschen, und die Crew hat in den Galleys damit begonnen, Vorbereitungen für den ersten Service zu treffen. Marion wird während des anfänglichen Reisefluges noch einige weitere Hinweise in Bezug zum Comfort Class Upgrade, Miles & More Programm, Kopfhörern, Bordverkauf sowie zum Flyrobic Programm an die Passagiere geben. Desweiteren erfolgen noch detaillierte Informationen zum Serviceablauf und den heutigen Filmen.

Wir befinden uns weiterhin im Steigflug auf Airway Y102, einige Meilen hinter dem ALB VOR. Der Sender steht ebenfalls neben einer Autobahn. Dieses Mal nahe der kleinen Gemeinde Allersberg im Südosten von Nürnberg. Die Piloten haben das Flugzeug, wie von „Munich Radar" erbeten, auf eine Höhe von FL 270

Der kleine NDB Sender MIKE MIQ mitten im Hallertauer Hopfenanbaugebiet. © DFS

Allersberg ALB VOR. Das Funkfeuer wurde 2008 abgeschaltet. © DFS

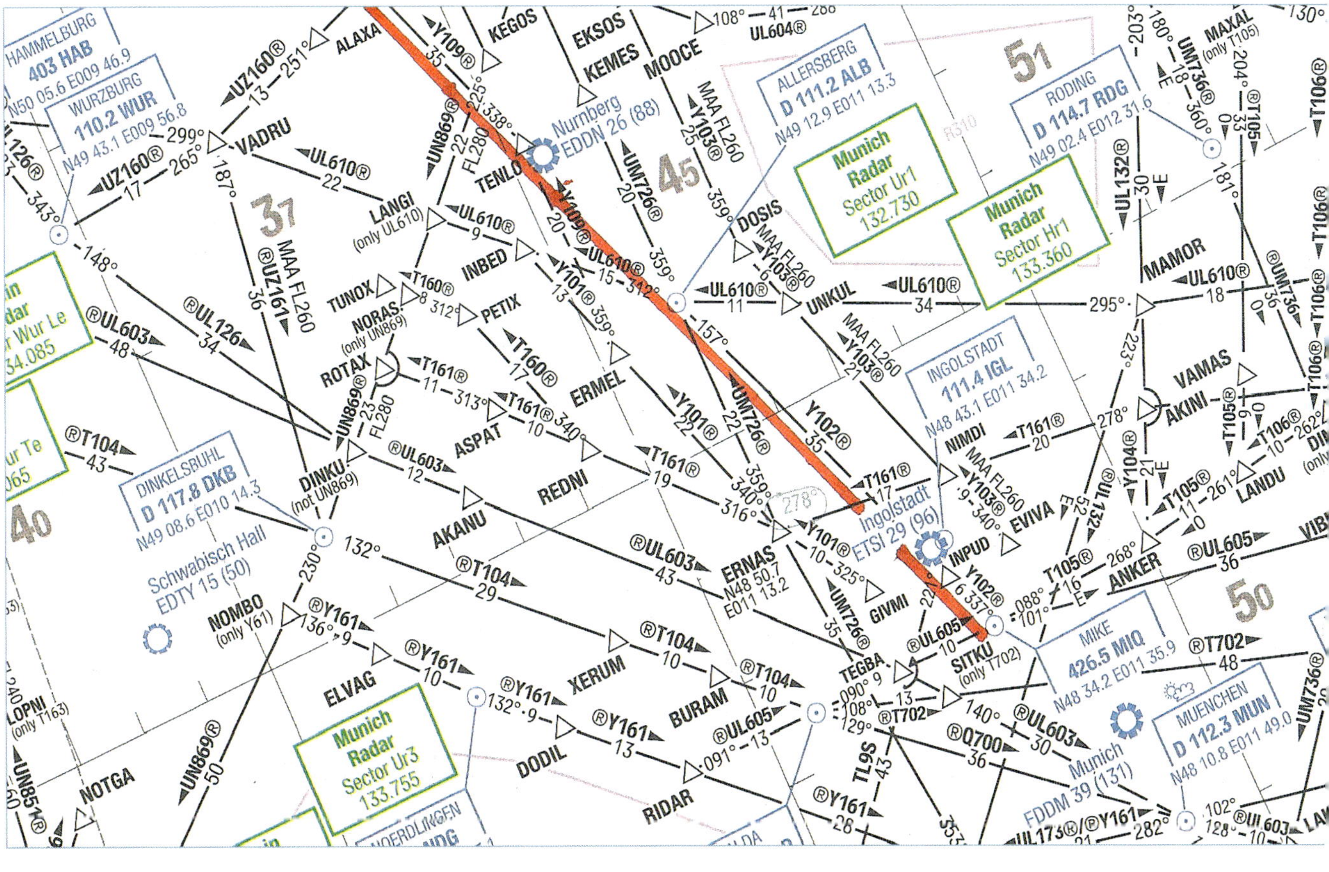

Weiterer Flugweg bis Nürnberg. Do not use for real navigation! © Lufthansa Systems FlightNav

gebracht, und so kann Alexander Condor 2188 getrost an seinen Kollegen fernab im Berliner DFS-Center in Tempelhof weiterleiten.

Lotse
„Condor 2188, continue climb flight level 300."
Da ein Flugzeug niemals gleichzeitig mit einer neuen Höhenfreigabe abgegeben wird, wartet Alexander, bis diese von der Crew bestätigt wird, und beendet erst dann unser Gastspiel bei München Radar mit:

Lotse
„Change over Berlin Radar now on 122.67, Servus."
Andreas meldet sich kurz darauf auf der neuen Frequenz mit:

Pilot
„Berlin, good afternoon, Condor 2188 passing flight level 285, climbing level 300 inbound SULUS."

Lotse
„Condor 2188 hello, identified. Confirm your requested flight level",

lautet die Antwort. Um die erste gewünschte Reiseflughöhe von uns zu verifizieren, hakt der Lotse nach. Andreas nennt ihm die von vornherein geplante und laut FMS momentan sinnvollste Höhe von FL 300 (9144 m):

Pilot
„Flight level 300 for the moment as requested",
lautet daher die Antwort aus dem Cockpit. Noch rund zwei Stunden planen die Piloten auf dieser Höhe zu verbleiben, denn das Flugzeug mit seinen noch vollen Treibstofftanks ist schlicht und ergreifend zu schwer, um sich bereits in noch größeren Höhen aufhalten zu können. Vorrangiges Ziel für Piloten ist es, ihre Flugzeuge so schnell wie möglich und wirtschaftlich sinnvoll auf große Höhen zu bringen. Dünnere Luftschichten weiter oben ermöglichen einen geringeren Treibstoffverbrauch. Durch ihre geringere Dichte sind obere Luftschichten für schwere Flugzeuge

nicht in gleichem Maße „tragfähig" wie tiefer gelegene Flugflächen. Wir brauchen aber nur geduldig abzuwarten, da im Cruise Flight bei Level 300 ca. 5 Tonnen Kerosin pro Stunde verbraucht werden und wir in rund zwei Stunden also insgesamt ca. 10 Tonnen leichter sein werden. Nach jeweils einer Stunde Flugzeit könnten wir demnach rund 750 Fuß höher steigen.

Andreas deutet mit seinen Fingern und den Callouts „two thousand" bzw. „one thousand" an, dass wir kurz vor unserem gewählten TOC (Top of Climb) von Flight Level 300 sind. Und nach knapp 19 Minuten reiner Flugzeit ist dieser dann auch erreicht.

Berlin Center in Tempelhof. Das ACC Berlin-Tempelhof wurde bis Ende 2006 betrieben. Die Aufgaben im Kontrollgebiet Berlin wurden in Folge nach Bremen, München und Karlsruhe verlagert.

© DFS

at cruising altitude   © Tibi Horvath

Die Reiseflughöhe ist erreicht
Auf Strecke über Nordeuropa

Der Autopilot hatte den TOC exakt mit einem rechtzeitigen Ausleiten des Steigfluges angesteuert und gehalten. Trotzdem beäugen die Piloten die Automatik genauestens, damit sie nicht unbeabsichtigt über die Höhe hinaus schießt. RVSM (Reduced Vertical Separation Minima) hat seit dem 24.01.2002 auch über Deutschland Einzug gehalten. Eine neue Generation sehr präziser Höhenmesser im Cockpit hat es ermöglicht, vertikale Abstände von Flugzeugen zueinander auf nur noch 300 Meter zu reduzieren. Diese Weiterentwicklung hat den positiven Effekt, dass quasi die Verkehrskapazität im oberen Luftraum verdoppelt wurde.

Die von Nordwesten aufziehende Kaltfront, mit reichlich Schnee für den Süden Deutschlands im Gepäck, haben wir unter uns gelassen und erfreuen uns der Sonnenstrahlen. Sicherlich einer der zahlreichen Pluspunkte des Jobs im Cockpit.

Wenn man unseren Flug in Takeoff-, Climb-, Cruise-, Descent- sowie auch Approach/Landing-Abschnitte einteilt, haben wir nun die dritte und längste Phase, also den Reiseflug erreicht. Das Autothrust System zieht dementsprechend die Schubhebel auf

die geringere Cruise-Leistung zurück und sorgt für die Einhaltung der FMS Speed, in unserem Fall Mach 0,80 oder 80 % der Schallgeschwindigkeit. Nach rund 114 Meilen, am Waypoint SULUS nördlich der Stadt Bamberg, erreichen wir den Airway „Upper Lima 604", kurz UL604. Dieser Luftstraße

des oberen Luftraumes wird mit Nordwestkurs, über Rhön, Sauerland sowie Münsterland bis zum Waypoint RELBI an der holländischen Grenze, gefolgt. Markus, als verantwortlicher Flugzeugführer, meldet sich mit seiner Begrüßungsansage bei den Gästen in der Kabine:

„Guten Tag, meine Damen und Herren, hallo liebe Kinder!

Ein herzliches Willkommen an Bord unseres Condor-Fluges wünschen wir Ihnen aus dem Cockpit. Mein Name ist Markus Koch, ich bin der Kapitän ihres Fluges und werde Sie zusammen mit meinem ersten Offizier Andreas Meissnest nach Varadero fliegen.
Die Kabinencrew, unter der Leitung von Frau Schneider, wird Ihnen die Reise an Bord so angenehm wie möglich gestalten. Unsere leichte Abflugverzögerung, verursacht durch ein defektes Schleppfahrzeug vorhin, bitten wir zu entschuldigen. Die Happyhour in Varadero werden Sie aber trotzdem noch, bei einem laut Vorhersage sehr angenehmen und 25° Grad warmen Wetter, erleben können. Wir haben nun mittler-

weile Nürnberg überflogen und werden später an Bamberg, Fulda, Dortmund und Amsterdam vorbei über der Nordsee Kurs auf Newcastle an der britischen Ostküste nehmen. Über Prestwick und Nordirland führt uns unsere weitere Reise hinaus auf den Nordatlantik. Sie können den genauen Flugverlauf über die Monitore in der Kabine mit verfolgen. Verbleibende Flugzeit noch rund 10 Stunden und 45 Minuten. Da es in knapp 2 Stunden aufgrund kreuzender Winde etwas unruhig werden könnte, empfehlen wir, möglichst angeschnallt sitzen zu bleiben.
Nun hoffen wir, dass Sie sich an Bord bei uns wohlfühlen, und melden uns später mit weiteren Informationen noch einmal bei Ihnen."

Karlsruhe UAC „Rhein Radar"   © DFS

über den Wolken...   © Mario Aurich AirTeamImages

Rhein Radar aus Karlsruhe und München verantwortlich.

Einige Meilen hinter SULUS verabschiedet sich daher der Lotse bereits wieder von uns:

Lotse
„Condor 2188, over to Rhein Radar now on 133.65, good bye."

Und so darf die Crew wiederum die Bekanntschaft eines neuen Lotsen machen. Dieses Mal sitzt der DFS-Kollege in einer Karlsruher Radarzentrale. Die benötigten Daten unseres Fluges hat er gerade von seinem Flugdatenbearbeiter über einen Kontrollstreifen erhalten. Auf seinem Radarschirm sind wir bereits einige Minuten zuvor erkennbar gewesen. Die für den Sektor Fulda zuständigen Radarstationen haben uns dabei über Primär- und Sekundärradar erfasst, um die entsprechenden Daten nach Karlsruhe weiterzuleiten. Ein Primärradar arbeitet nach der Reflexions-

Der obere Luftraum ab FL245 wird über Deutschland von verschiedenen Radarzentralen überwacht. Ab Ende 2006 zeichnen Eurocontrol aus Maastricht, Langen bei Frankfurt,

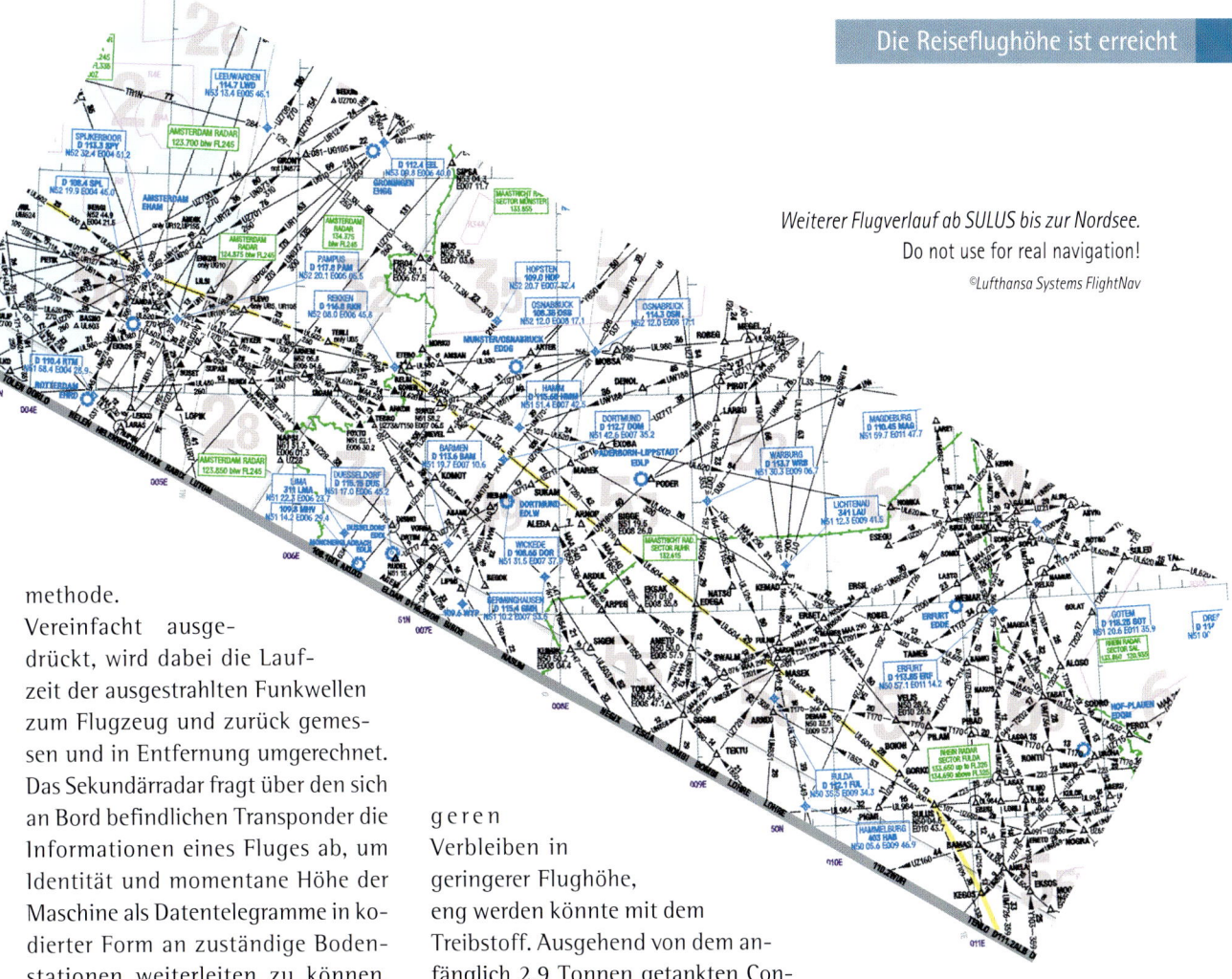

methode.

Vereinfacht ausgedrückt, wird dabei die Laufzeit der ausgestrahlten Funkwellen zum Flugzeug und zurück gemessen und in Entfernung umgerechnet. Das Sekundärradar fragt über den sich an Bord befindlichen Transponder die Informationen eines Fluges ab, um Identität und momentane Höhe der Maschine als Datentelegramme in kodierter Form an zuständige Bodenstationen weiterleiten zu können. Andreas nimmt also nun Kontakt mit „Rhein Radar" auf:

Pilot
„Rhein Radar, guten Tag, Condor 2188 flight level 300."

Lotse
„Condor 2188, Rhein Radar, guten Tag, identified."

Geflogen wird noch immer mit demselben Transponder-Code 4126, den wir in München erhalten haben. Bei längeren Flügen über 2 Stunden wird der aktuelle Kerosinverbrauch im Vergleich zu den Plandaten des OFP kontinuierlich überprüft. Andreas hat aus diesem Grunde begonnen, den Remaining Fuel hinter einzelnen Waypoints auf dem OFP zu notieren, damit diese Gain- and Loss-Werte des so genannten Range Control Checks eine genaue Trendverfolgung unseres Kraftstoffverbrauchs ermöglichen. Im Cockpit muss rechtzeitig erkannt werden, ob es aufgrund unplanmäßiger Winde, oder dem unerwartet längeren

Verbleiben in geringerer Flughöhe, eng werden könnte mit dem Treibstoff. Ausgehend von dem anfänglich 2,9 Tonnen getankten Contingency Fuel, entspricht der Verbrauch momentan aber noch exakt den Planwerten.

Einige Meilen vor BIGGE – einem Waypoint über der Gegend des sauerländischen Winterberg – und nach rund 35 Minuten Flugzeit ist auch unser Gastspiel auf dem Radarschirm der Karlsruher DFS-Kollegen bereits wieder vorbei. Die neue Anweisung von „Rhein Radar" lautet:

Lotse
„Condor 2188, change over Maastricht now on 132.61, guten Flug."

Die Radarzentrale von Eurocontrol am Flughafen Maastricht an der deutsch-belgischen Grenze wird als für uns erste ausländische Flugsicherungsstation die weitere Kontrolle von Condor 2188 im oberen Luftraum über Norddeutschland übernehmen.

Pilot
„Maastricht Radar, good afternoon, Condor 2188 flight level 300."

Waypoints

sind für die Luftfahrt imaginäre Wegpunkte, die durch Koordinaten definiert sind. Diese Punkte werden jeweils von der Flugsicherung bei ihrer Definierung mit einem aus fünf Buchstaben bestehenden Namen versehen und zusammen mit den jeweilig zugehörigen Koordinaten in FMS Datenbanken und Navigationskarten veröffentlicht. Die DFS hat so manches Mal ihren Spaß, sich immer wieder neue Bezeichnungen zu überlegen. VATER und UNSER am Stuttgarter Flughafen sind dabei zwei der Anflug-Waypoints, die Piloten immer wieder zum Schmunzeln bringen. Auch trägt eine Münchner Departure-Route zur Heiterkeit im Cockpit und Tower bei. Den meisten wird sie erst beim Sprechen bewusst. Sie lautet GIVMI 2W (Whiskey) ...

Lotse

„Condor 2188 in radar contact, squawk 5225."

Andreas rastet nun den neuen Transponder-Code, und als kurz darauf das Sekundärradar unsere Flugdaten erkennen kann, bestätigt Maastricht mit:

Lotse

„Condor 2188 identified now, continue on course to RELBI."

Hier oben in FL 300, oder genauer in 9144 Metern Höhe, ist es mit -49°C ziemlich frostig geworden. Und da sich auch noch genügend Feuchtigkeit in der Luft befindet, werden wir wohl einen – bei klarem Himmel gut sichtbaren – Kondensstreifen hinter uns herziehen. Also genau diese linienförmige Wolke aus Wasserdampf, bei deren Anblick vom Boden aus der ein oder andere vom Fernweh gepackt wird ... Kondensstreifen können sich je nach meteorologischer Gegebenheit nach ganz wenigen Minuten wieder auflösen oder sich aber auch zu Eiswolken (Zirren) weiterbilden, die über Stunden Bestand haben.

Am Waypoint RELBI an der deutsch-niederländischen Grenze bei Enschede endet der Airway UL604, und der neue Kurs von 291 Grad auf der anschließenden Luftstraße UB5 (Upper Blue five) Richtung Markermeer wird durch den Autopiloten eingenommen. Markus hat derweil über Datalink die vom FMS errechnete Ankunftszeit für Varadero sowie die Delaycodes der Verspätungsbegründung unseres Abfluges in München zur Verkehrszentrale nach Kelsterbach übermittelt.

Verspätungen, die über drei Minuten hinausgehen, werden nicht nur statistisch ausgewertet, um Schwachstellen zu identifizieren, sondern auch zwecks Rechtfertigung der auslösenden Fachdienststelle zugeordnet.

Economy Reise in der Condor B767

© Klaus Ecker

Routinemäßige Arbeiten treten nun im Cockpit verstärkt in den Vordergrund. Das fortwährende Abgleichen der zu fliegenden Wegpunkte im FMS mit den Streckenkarten – RFCs (Radio Facility Charts) – und den Angaben durch ATC ist dabei ein wichtiger Bestandteil der Aufgaben. Jederzeit muss man sich im Cockpit über die momentane Position im Klaren sein. Auf der nun vorläufigen Reiseflughöhe hat Andreas auch Zeit gefunden, die noch fehlenden Temperatur- und Winddaten aus dem Flugplan in das Flight Management System zu übertragen. Piloten sind diesbezüglich immer wieder über die recht genaue Vorhersage der Höhenwinde erstaunt. Mit den entsprechenden Daten lässt sich daher planerisch im Vorhinein, aber vor allem aktuell im Cockpit, der Flugverlauf recht präzise in Hinsicht auf Dauer und Treibstoffverbrauch berechnen.

Die zwischendurch aufgelockerte Bewölkung gibt einige Blicke auf die Niederlande frei. Amsterdam ist südlich noch gut zu erkennen, und nach lediglich zwölf Minuten haben wir das Land der exquisiten Käsesorten bereits wieder überquert. Nördlich der Stadt Haarlem wird die Küste überflogen und das europäische Festland verlassen. Eurocontrol begleitet den Flug bis zur so genannten FIR/UIR Boundary (Grenze) am mel-depflichtigen Waypoint ELDIN über der Nordsee.

Daher ruft Andreas Maastricht ein letztes Mal:

Pilot
„Maastricht, Condor 2188 flight level 300 overhead ELDIN."

Lotse
„Condor 2188 roger, change over London on 126.77, so long."

Nach München, Berlin, Karlsruhe und Maastricht ist nun mit London ein weiteres ATC-Center für uns zuständig.

Pilot
„London Control, good day, Condor 2188 just passing ELDIN at flight level 300."

Lotse
„Condor 2188, London Control, good day to you, continue on UL602 and squawk 3488 ident."

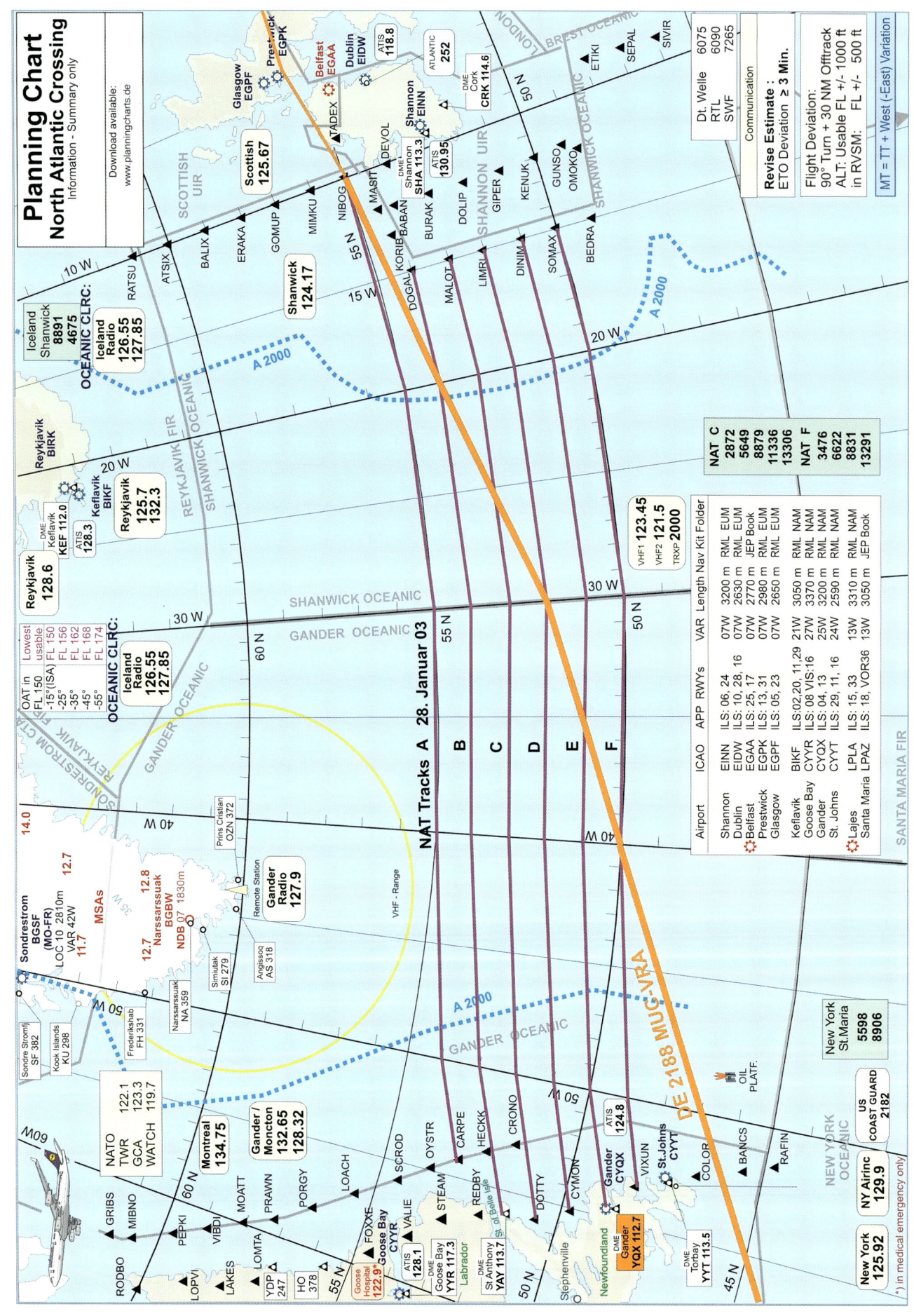

Ein erneuter Wechsel des Transponder-Codes ist also für uns notwendig geworden. Der Arbeitsplatz des Lotsen von „London Control" befindet sich im größten und modernsten Air Traffic Control Center der Welt, dem erst 2002 eingeweihten „Swanwick Center" in der Nähe von Fareham in Hampshire an der südenglischen Küste.

Bei DOGGA, einem Waypoint über der Nordsee und 160 Meilen vor Newcastle, befinden sich noch genau 55,8 Tonnen Kerosin in den Tanks. Das bedeutet, dass in den bisher gut 1 $^1/_2$ Stunden Flugzeit mit Start und Steigflug runde 10 Tonnen Fuel verbraucht wurden. Es mag sich recht viel anhören, nur wenn der Treibstoffverbrauch eines Fluges durch die Anzahl seiner Passagiere dividiert und auf die zurückgelegten Flugkilometer umgelegt wird, wird ein sehr geringer Pro-Kopf-Durchschnittswert erzielt. Bei

einer B767-300 liegt er bei nur 2,7 Litern auf 100 Kilometer Flugstrecke! Etwa 1:15 Std. Flugzeit vor unserem NAT North Atlantic Track Entry Point NIBOG wird es Zeit, sich über den gewünschten Flight Level Gedanken zu machen und auch bereits hier über der Nordsee die später benötigte NAT Clearance anzufordern.

Aber zuerst an dieser Stelle noch ein paar erklärende Anmerkungen: Über dem Festland bewegen sich zivile Flugzeuge normalerweise sehr komfortabel über Luftstraßen, die meist durch ein Netz von Funkfeuern und Radialen definiert sind. Zudem ist ein qualitativ guter Funkverkehr über VHF-Frequenz garantiert. Fluglotsen überwachen das Geschehen in der Luft mit ihren Radarsystemen.

Über den infrastrukturschwachen Regionen wie z. B. Afrika und vor allem über den Ozeanen ist dieser Vorteil

aber nicht mehr gegeben, da die Ultrakurzwelle (VHF) für die Kommunikation sowie Funkfeuer (die auch im VHF-Frequenzbereich senden) lediglich innerhalb der geraden „Line of Sight" genutzt werden können. Sie funktionieren, etwas vereinfacht ausgedrückt, nur bis zum Horizont, da die VHF-Signale nicht der Erdkrümmung folgen und geradewegs durch die Ionosphäre hindurch im Weltraum verschwinden. Zum besseren Verständnis braucht nur ein Lineal auf eine Weltkugel gelegt zu werden. Die NASA nutzt diesen Effekt für eine qualitativ gute Kommunikation zu ihren Shuttles. Alle HF-Kurzwellensignale im hohen Frequenzbereich werden hingegen von der Ionosphäre wieder reflektiert und zur Erde zurückgeleitet. Obwohl oft mit atmosphärischen Störungen behaftet, ermöglicht die HF-Kurzwelle somit eine Kommunikation rund um den Globus. Die so genannte VHF Air-to-

Kondensstreifen einer vorausfliegenden B747. Die Wingtip Vortex (Verwirbelungen an den Tragflächenenden) sind noch kilometerweit auszumachen.

Cpt. J. F. Bobadilla

Die Übersichtskarte des Nordatlantiks wurde mit den aktuellen NAT (North Atlantic Tracks) unseres Fluges erweitert.

mit freundlicher Genehmigung durch planningcharts.de und Lufthansa Kapitän Dieter Spiess

Ground-Reichweite liegt bei ca. 250 Meilen. Das bedeutet, dass wir später etwa 250 Meilen westlich von Irland von den Radarschirmen der Flugsicherung verschwinden, nicht mehr erfasst werden können und über die normale VHF-Frequenz nicht mehr zu erreichen sein werden. Fliegen in dieser Region basiert auf völlig anderen Prinzipien.

Nun kommen im Verantwortungsbereich des nordöstlichen Atlantiks die Fluglotsen und Radiocontroller von Shanwick ins Spiel. Der Name Shanwick beruht auf der seit bereits 1966 bestehenden Aufgabenteilung von Shannon in Irland und Prestwick in Schottland. HF Kurzwellen Radio Operator wurden in Shannon und Fluglotsen entsprechend in Prestwick angesiedelt. Im kleinen Örtchen Ballygireen, etwas nördlich des Airports Shannon an der irischen Westküste, sitzen reine Radio Operator. Sie sind einzig und allein für den reibungslo-

sen Funkverkehr über HF-Kurzwelle zuständig und übermitteln sämtliche Daten in Sekundenschnelle über Teletype nach Prestwick in das Shanwick Oceanic Control Center. Die entsprechenden Antworten und Anweisungen der Fluglotsen erreichen wiederum die irischen Radio Operator nach nur kurzer Zeit, um sie über Kurzwelle an die Flugzeuge weit draußen über dem Atlantik übermitteln zu können. Diese Arbeitsweise erstaunt. Nur sind irische Radio Operator allesamt ehemalige Marine-Offiziere, die die qualitativ miserable Kurzwelle perfekt beherrschen. Der irische Akzent verwundert aber immer noch den einen oder anderen Piloten, der sich im Glauben befindet, mit britischen Controllern zu kommunizieren. Atmosphärische Störungen auf Kurzwelle erschweren eine reibungslose Kommunikation teilweise erheblich. Ein ärgerlicher Zustand, denn Piloten fliegen im 21. Jahrhundert mit einem Hightech-Flugzeug wie der

Dem B767-Kapitän eines Delta-Fluges von Dublin nach Atlanta gelang diese Aufnahme aus dem Cockpit auf zwei dicht über ihm fliegende Continental B777.
Cpt. Tom Miller

B767 über den Nordatlantik, sind aber rein kommunikativ gesehen nicht sehr viel besser dran als ihre Kollegen, die vor Jahrzehnten in Propellermaschinen die Ozeane überquert haben. Im Prestwick OCC selber sitzen ausgebildete Fluglotsen, die für Staffelungen und somit Einhaltung der vertikalen und horizontalen Abstände der Flugzeuge über dem Atlantik zuständig sind. Dieses geschieht natürlich „blind", da über dem Ozean außerhalb der 250 Meilen Reichweite keinerlei Radarabdeckung stattfinden kann. Daher wird im OCC Prestwick die Bewegung der Flugzeuge über dem Atlantik über aktuelle und erwartete Positionsmeldungen präzise simuliert und dargestellt. Unser Flug ist zwar mit geplantem Routing in Shanwick angemeldet worden, jedoch darf kein Luftfahrzeug ohne eine endgültige Genehmigung und ohne Bestätigung des Streckenverlaufs durch OCC-Lotsen in die Nordatlantik-Region einfliegen. Markus übernimmt nun momentan die Kommunikation mit London Control, damit Andreas auf dem zweiten Funkset „Shanwick" über VHF 135.52 in Prestwick rufen kann. Die irischen Radio Operator werden erst später, wenn wir außerhalb der VHF-Reichweite sind, benötigt.

Pilot
„Shanwick, good afternoon, this is Condor 2188."

Lotse
„Condor 2188, Shanwick, good afternoon, go ahead."

Pilot
„Condor 2188 flight level 300 from Munich to Varadero, estimating NIBOG at one three two five, requesting our oceanic clearance, flight level 330 maximum 340 mach decimal eight two."

Lotse
„Roger, Condor 2188, stand by for your clearance."

Andreas hat somit die ETA (Estimated Time of Arrival) über dem NAT Entry Point aus dem FMS übermittelt, damit der planende Lotse im Shanwick OCC unseren Flug disponieren kann. Gleichzeitig wurde Shanwick mitgeteilt, dass wir eigentlich gerne auf einen höheren Flight Level FL 330 (10058 m) ab NIBOG steigen würden. Nur geglaubt, dass wir auf der Atlan-

tiküberquerung tatsächlich höher hinaus auf eine für das Gewicht optimale Höhe dürfen, haben es die Piloten nicht. Der Grund ist folgender: Die sechs Parallel-Tracks im OTS (Organized Track System), die heute den stärksten Jetstreams ausweichen, sind natürlich für die zahlreichen Flüge geplant, die jetzt gerade zur „Rushhour" von Europa aus weiter nördlich nach Kanada und in die USA wollen. Mit dem deutlich südlicher liegenden Ziel Kuba können wir sie aber nicht nutzen. Unser Random Track kreuzt auf diesem Flug daher diagonal und unterhalb alle sechs parallel verlaufenden OTS Tracks. Wären wir auf gleicher Flughöhe des OTS, könnten wir uns mit einem Fahrzeug vergleichen, das eine sechsspurige Autobahn in eine Richtung zu queren versucht. Aus operativer Sicht ist dieser zeitsparende Streckenverlauf natürlich sinnvoll, und ATC wird uns letztendlich unterhalb der „organisierten Meute" konfliktfrei über den Atlantik bringen.

Einige Minuten später meldet sich der Lotse wieder:

Lotse
„Condor 2188, Shanwick, your clearance."

Pilot
„Condor 2188, go ahead."

Beide Piloten lauschen nun sehr aufmerksam und es werden alle Daten notiert und mit dem OFP abgeglichen, um später keinerlei Missverständnissen zu unterliegen.

Lotse
„Shanwick cleares Condor 2188 to Varadero via NIBOG – five four north two zero west – five two north three zero west – five zero north four zero west – four seven north five zero west – CARAC clearance after CARAC from Gander. Flight level three zero zero, unable higher due to traffic. Request higher after four zero west. Mach decimal eight two. Read back."

Wie schon erwartet, dürfen wir leider vorerst nicht auf eine optimalere Höhe steigen und verbleiben somit für weitere 3:45 Std. auf FL 300 oder knapp 9150 Metern. Andreas liest nun die gesamte Clearance zurück.

Pilot
„Condor 2188 is cleared to Varadero via NIBOG 54N20W 52N30W 50N40W 47N50W CARAC, further clearance from Gander maintaining flight level three zero zero – mach decimal eight two."

Lotse
„Condor 2188, your readback is correct, continue with domestic control, bye."

Den Nordatlantik zu befliegen ist, wie man leicht feststellen kann, ein komplexes, aber interessantes Thema. Da wir hoch oben über dem Ozean dieses aber nicht alleine tun, sondern uns in einem regelrechten Pulk von gestaffelten Luftfahrzeugen befinden werden, gilt es dabei gleich allerhand Regeln und Gesetzmäßigkeiten zu beachten.

Reise über den Großen Teich
Regeln und Infos zum Fliegen über dem Nordatlantik

Die eigentliche Überquerung des Nordatlantiks, also die kürzeste Überwasserverbindung von „good old Europe" zum nordamerikanischen Kontinent an der kanadischen Ostküste, beträgt lediglich 1600 nautische Meilen. Es beschreibt genau die Entfernung zwischen Shannon in Irland und Gander in Neufundland. Wie sich daran unschwer erkennen lässt, sitzen die für den Nordatlantik zuständigen Radio Operator nicht ganz zufällig an diesen beiden Orten.

Jeden Tag aufs Neue befliegen rund fünfhundert Maschinen den Großen Teich in jeweils eine Richtung, und mindestens jede dritte davon ist eine Boeing B767. Dieser Umstand hat ihr zu Recht den klangvollen Beinamen „Königin des Nordatlantiks" eingebracht. Linienfluggesellschaften haben ihre Flüge innerhalb von nur 10 Jahren verzehnfacht. Charter Airlines hingegen haben die Anzahl ihrer Transatlantik-Überquerungen sogar verzwanzigfacht! Bereits im Jahre 1997 wurden insgesamt über 1000 tägliche Nordatlantikflüge registriert.

Die „Rushhour" der Westbound-Flüge findet ihren Höhepunkt über Westeuropa gegen 12:00 Uhr UTC, und in umgekehrter Richtung erreicht die amerikanische Eastbound „Stampede" den Osten von Kanada um etwa Mitternacht UTC.

Dies passiert aus gutem Grunde, denn aufgrund der Zeitverschiebung erreichen die Westbound-Flüge Nordamerika am frühen Nachmittag, um Fluggästen noch zahlreiche Anschlussflüge innerhalb des Kontinents zu ermöglichen.

Bei Nachtflügen in östlicher Richtung gelangen Passagiere am frühen Morgen zu ihren Destinations, um ebenso entsprechend zu den endgültigen Zielorten weiterfliegen zu können. Diese Flüge verlassen die USA erst am späten Nachmittag und Abend, um nicht vor Ablauf der jeweiligen Flughafennachtflugverbote in Europa anzukommen.

Um dem gestiegenen Verkehrsaufkommen ohne Sicherheitseinschränkungen gerecht zu werden, hat man bereits 1979 die:

MNPS – Minimum Navigation Performance Specification –

Region geschaffen. Dieses Gebiet erstreckt sich horizontal ab 27 Grad nördlicher Breite bis hoch zum Nordpol und beginnt am NAT Entry Point, um am NAT Exit Point, in unserem Fall bei 50 West, zu enden. Die MNPS-Spezifikationen kommen vertikal zwischen FL 285 und FL 420 zum Tragen. Um die horizontalen und seitlichen Abstände der Flugzeuge zueinander reduzieren zu können, hat MNPS erhöhte Anforderungen an die navigatorische Genauigkeit der Ausrüstung im Cockpit geschaffen.

Im ATS- oder ICAO-Flugplan wird die entsprechende Leistungsfähigkeit des Flugzeuges mit einem X aufgeführt und somit bei jedem Flug bestätigt.

Der minimale laterale (seitliche) Abstand zum nächsten Flugzeug entspricht bei MNPS lediglich noch einem Breitengrad, oder 60 nautische Meilen.

Der horizontale Abstand zum vorausfliegenden Flugzeug beträgt unter MNPS-Bedingungen nur 10 Minuten bei identischer Geschwindigkeit, das entspricht etwa 80 nautischen Meilen.

Die Abstände zueinander auf einer Höhe hat man also reduziert. Nur reichte dies bei weitem nicht aus, und so erfolgte in einem weiteren Schritt die Einführung des:

OTS – Organized Track System –

Um der gestiegenen Kapazitäts-
anforderung Rechnung zu tragen,
werden zwei Mal am Tag 5 bis 6
überwiegend parallel verlaufende
Standardroutings (Tracks) ähnlich
der Airways erstellt. Die westlich
führenden Tracks bei Tageslicht werden in Prestwick definiert, die Nacht-
routen Richtung Osten in Gander.
Wichtigste Grundlage bei der Defini-
tion sind hierbei die Höhenwinde.

Gegenverkehr selber brauchen die
Piloten über dem Atlantik innerhalb
des OTS nicht zu befürchten, da
gegenläufige Tracks aufgrund der
Windsituation relativ weit voneinander entfernt geplant werden.

Die maximale horizontale Aufsto-
ckung des Verkehrs auf immer noch

einem jeweiligen Flight Level wurde
durch MNPS und OTS somit erfolgreich vollzogen.

Folglich mussten sich jetzt Organisa-
tionen, Airlines und Behörden Gedanken um vertikale Abstände der
Luftfahrzeuge zueinander machen.
Denn die Bedarfskapazität war zu
Spitzenzeiten nach wie vor unbefrie-
digend.

Nach der allgemein gültigen ICAO
Standard-Halbkreisregel dürfen sich
Flugzeuge in westliche Richtung
über dem Atlantik, also mit einem
Kurs von 180° – 359° Grad, bis zu einer Höhe von FL 280, jeweils in geraden Flughöhen von z.B. Level 200 –
220 – 240 – 260 etc. bewegen.
Die dazwischen liegenden Flughöhen

210 – 230 – 250 – 270 etc. sind entsprechend dem Gegenverkehr mit
östlicher Flugrichtung, also von 0 bis
179 Grad, vorbehalten.

Über FL 280 hinaus – und das sind ja
für die zivile Luftfahrt die wichtigsten Höhen auf langen Flügen – standen in westliche Richtung lediglich
die Flight Level 310 – 350 – 390 – 430
und Richtung Osten die Level 290 –
330 – 370 – 410 zur Verfügung.

Das war bei weitem nicht ausreichend, da im OTS maximal „nur" 5
Flugzeuge sich gleichzeitig über derselben Position bewegen durften.
Aus diesem Grund wurde ebenfalls
1979, parallel zur Einführung des
MNPS Airspace, stufenweise das Verfahren:

RVSM – Reduced Vertical Separation Minima –

ins Leben gerufen.

Dabei wurde die vertikale Staffelung
in eine Richtung von 4000 Fuß auf
nur noch 2000 Fuß halbiert, indem
weitere Flugflächen in die jeweilige
Richtung freigegeben wurden. Somit
konnten sich rein theoretisch neun
Flugzeuge über ein und derselben
Position befinden, ohne sich in die
Quere zu kommen!

Aber Sie haben es wahrscheinlich bereits geahnt, selbst diese Kapazitätserhöhung entsprach etwa Mitte der
90er Jahre nicht mehr den Anforderungen. Und so kamen 1997 – auch
aufgrund der Tatsache, dass nahezu
alle Flugzeuge, die für Transatlantikflüge regelmäßig eingesetzt werden,
den technischen Anforderungen für
MNPS/ RVSM gerecht wurden – die
weiteren Flight Level 340 und 360

hinzu. Mit einer erneuten Erweite-
rungsphase 1998 wurden schließlich
die Level 320 und 380 dem Nordat-
lantikverkehr zur Verfügung gestellt.
Sage und schreibe 13 Flugzeuge
könnten sich also nun rein theoretisch in großer Höhe unter RVSM-
Bedingungen über dem Atlantik über
ein und derselben Position befinden.
Für technisch nicht entsprechend
ausgerüstete Flugzeuge blieben nur
noch die Flight Level 300 und 400
übrig.

Stand heute, und das wird sich auch
so bald nicht mehr ändern, da es eine sehr hohe Verkehrskapazität beinhaltet, ist folgender: Innerhalb des
RVSM-Bereiches befliegen Luftfahrzeuge mit westlicher Richtung alle
geraden Tausender-Flugflächen bis
max. FL 400, in östlicher Richtung
alle ungeraden Tausender-Flugflä-

chen bis max. FL 410. Darüber hinaus
stehen nach Westen die Level 430
und 470, und nach Osten die Level
450 und 490 zur Verfügung.

Wenn man dreidimensional versucht
sich diese horizontalen und vertikalen Staffelungsmöglichkeiten in diesem Korridor vorzustellen, bekommt
man in etwa einen Eindruck der ge-
waltigen Kapazität im Hauptver-
kehrsgebiet des Nordatlantiks.

RVSM setzt selbstverständlich die
technische Zertifizierung des Flugzeuges und vor allem die Qualifizie-
rung der Cockpitcrews voraus. Im
ICAO/ ATS-Flugplan muss sich daher
zusätzlich zur MNPS-Bestätigung
durch den Buchstaben X noch das W
als RVSM-Garantie für ATC wieder-
finden.

Der Atlantik mag zwar recht groß sein, nur findet der Flugverkehr über ihm auf relativ schmalen Korridoren und in einem relativ dünnen Höhenband statt. Alle Airlines suchen für ihre Flüge verständlicherweise möglichst die gleichen optimalen Bedingungen, um Treibstoff sparen zu können und auch die Höhenwinde für sich zu nutzen oder ihnen entsprechend auszuweichen. Und das Ganze auch noch während identischer Zeitspannen.

Bereits in München zum Briefing haben die Piloten anhand des „NAT Working Papers" (Condor-Checkliste für alle relevanten Gesichtspunkte einer Atlantiküberquerung) damit begonnen, diese chronologisch abzuarbeiten.

Nach Erhalt der Oceanic Clearance fehlt nun noch ein wichtiger Eintrag in der Routenplanung. Die PETs (Point of Equal Times) müssen noch bestätigt und in die Streckenkarte eingezeichnet werden. Sie definieren für unseren Flug den genauen Punkt, wo es bei einer sofort erforderlich werdenden Landung notwendig würde, weiterzufliegen, anstatt wieder nach Irland in die entgegengesetzte Richtung umzukehren. Wir unterscheiden zwischen drei verschiedenen PETs mit unterschiedlichen Voraussetzungen.

PET 1X = ein Triebwerk abgeschaltet.
PET DC = Druckabfall.
PET DX = Druckabfall, plus ein abgeschaltetes Triebwerk.

Da Prestwick ATC unseren geplanten Flugweg nicht verändert hat, kann Andreas die bereits durch unseren Dispatcher ermittelten PETs aus dem OFP in die Karte übertragen. Ausgehend von unseren beiden ETOPS Alternates Dublin in Irland und Halifax auf Neufundland, liegt der für unseren Flug wichtigste PET DC bei ganz genau 503032 Nord / 0375323 West. Bei einer plötzlichen Dekompression (DC, Druckabfall) müsste unverzüglich mit einem Notabstieg auf die relativ geringe Höhe von nur noch FL100 gesunken werden. Die PETs liegen aufgrund des zeitraubenden Gegenwindes, rein geographisch gesehen, deutlich näher am kanadischen Festland als an Europa.

Mittlerweile haben wir die Nordsee hinter uns gelassen und nähern uns der britischen Ostküste. Nach knapp 1:40 Std. Flugzeit, kurz vor Newcastle in England, ist noch eine halbe Stunde über Land zu fliegen, bevor der Atlantik erreicht wird. „London Control" aus dem Swanwick Center in England meldet sich im Cockpit:

Lotse
„Condor 2188, change over Scottish on 129.22, so long."

Andreas nimmt mit dem schottischen Fluglotsen (Domestic control), der ebenfalls in Prestwick angesiedelt ist, Kontakt auf:

Pilot
„Scottish, Condor 2188, good afternoon, maintaining flight level 300 just passing Newcastle."

Lotse
„Condor 2188, good afternoon, Sir, identified on course to Talla. Do you have your oceanic?"

Pilot
„Condor 2188, that is charly, we have our oceanic clearance via NIBOG at flight level 300."

Lotse
„Condor 2188 understood, continue from present position direct MAC VOR."

Jede auch wann immer mögliche und sinnvolle Abkürzung wie in diesem Fall wird gerne angenommen. Und so löscht Markus den ursprünglichen Waypoint TLA aus dem FMS heraus. Unmittelbar darauf legt der Autopilot das Flugzeug in eine Linkskurve, um den folgenden Waypoint, das Funkfeuer Machrihanish auf der schottischen Halbinsel Kintyre, anzusteuern. Durch diese leichte Abänderung des Flugplanes überfliegen wir jetzt genau den kleinen Ort Lockerbie, der im Jahre 1988 durch den legendären Absturz einer PanAm B747 – aufgrund eines Anschlags – traurige Berühmtheit erlangt hat. Die Stadt Prestwick mit ihren für uns momentan zuständigen Fluglotsen und den auch später zuständigen Ozeanlotsen lassen wir rechts von uns liegen, um nach knapp zwei Stunden Flugzeit den „North Channel", die Wasserverbindung vom Atlantik zur Irischen See, zu erreichen. Die recht aufgelockerte Bewölkung lässt immer wieder Blicke auf die selbst für diese kalte Jahreszeit beeindruckende Landschaft unter uns zu.

Flugweg über Großbritannien und Irland.
Do not use for real navigation!

© Lufthansa Systems FlightNav

Service in der Comfort-Class
Fotos: © Condor

Inflightservice
Visitenkarte der Airlines

In der Kabine werden unterdessen die Passagiere von Marion Schneider und ihrer Crew verwöhnt. Der ausgiebige Service ist dort in vollem Gange.

Die Comfort-Class-Speisekarte lässt einem das Wasser im Munde zusammenlaufen, wie ich meine. Augenscheinlich haben sich die Köche von LSG Sky Chefs wieder mächtig ins Zeug gelegt.

Die neue
Premium
Economy Class
© Condor

Cocktails und die allerbesten Weine runden den Gaumengenuss dieses mehrgängigen Menüs ab.

Das Flugzeug wird mit andauernder Flugzeit durch den Kerosinverbrauch immer leichter, aber es ist nicht ganz auszuschließen, dass der eine oder andere Gast in der Comfort-Class auf angenehme Weise etwas schwerer werden wird ...

Wenn Sie Appetit bekommen haben, fliegen Sie doch mal vorne mit. Es lohnt sich. Selbst in der Economy-Class können die Gäste beim Hauptgang zwischen schmackhaften Hühnchen oder Pasta Menüs wählen. Darüber hinaus wird dort auch noch eine weitere kalte Mahlzeit sowie ein „Refreshment" in Form eines Käsekuchens serviert. Wie Umfragen ergeben haben, sind Menge, Vielfalt und Ausgewogenheit für die doch recht lange Flugzeit angemessen.

Atlantiküberquerung
Unter der Kontrolle von Shanwick, Gander, New York und Miami

So langsam nähert sich Condor 2188 dem Atlantik, da wir uns nördlich von Londonderry über der Grenze von Nordirland und Irland befinden. Jetzt gilt es daher, vorbereitend zur anstehenden Atlantiküberquerung ein paar Dinge zu beachten. Auf der vom Prestwicker OCC-Lotsen zugewiesenen Höhe von Level 300 befinden wir uns bereits, und es bedarf zu diesem Punkt keiner weiteren Koordination mit ATC. Bevor das Festland gleich verlassen wird, werden die genauen Positionen im FMS verifiziert. Da ausschließlich die drei IRS Trägheitsnavigationssysteme an Bord präzise Positionsbestimmungen über dem Atlantik ermitteln, wird letztmalig vor Erreichen des Nordatlantiks ihre Genauigkeit mit Peilungen zu boden-

seitigen Sendern überprüft. Markus „tuned" dazu manuell das sich gerade in unserer Nähe befindliche Funkfeuer CON 117.4 von Connaught und vergleicht Kurs und Distanz mit den Werten des FMS. Ein FMS sucht sich umliegende Funkfeuer während des Fluges völlig selbstständig, um dabei die systemeigenen Positionsbestimmungen möglichst präzise zu aktualisieren. Eine gesunde Portion Misstrauen ist aber stets angebracht und gerade im Cockpit sehr sinnvoll. Daher werden immer alle verschiedenen Navigationsdaten durch die Piloten auf ihre Plausibilität hin überprüft. Denn nicht vergessen:

Wenn du weißt, wo du bist,
kannst du sein, wo du willst.
Wenn du nicht weißt, wo du bist,
musst du sehen, wo du bleibst.

Die Anzeigen der Höhenmesser im Cockpit werden ebenfalls auf Abweichungen kontrolliert. Die RVSM-Toleranzgrenze beträgt max. 200 Fuß Abweichung. Andreas hat sich über den ACARS-Printer die letzten aktuellen Wettermeldungen einiger in Frage kommender ETOPS Enroute Airports, wie z. B. EIDW – Dublin und CYHZ – Halifax, ausgedruckt.

OPS room Shanwick HF Aeradio
© John Power

Somit könnten die Piloten später bei einem eventuellen Problem sofort reagieren, ohne sich erst neu orientieren und informieren zu müssen. Sie wissen dann jederzeit genau, wohin am sinnvollsten ausgewichen wird. Über dem Atlantik, die große Weite und uneingeschränkte Freiheit? Nicht wirklich ..., wie sich gut erkennen lässt!

NIBOG oder aber genauer gesagt 55 Nord 10 West und jede Menge Wasser liegen jetzt vor uns. Condor 2188 wird nach 2:20 Stunden Flugzeit Oceanic Airspace erreichen. In München ist die Tageszeit frischer Weißwürste vorbei, auf Kuba wird noch gemütlich gefrühstückt. Marion hatte „ihre Jungs" im Cockpit bereits mit kleineren Snacks und Getränken verwöhnt und stimmt im Moment die gewünschten Aufheizzeiten der Crewmeals mit uns ab. Die Prozedur, um das Cockpit zu verlassen und anschließend wieder zurückzukehren, ist aufgrund der – gerade durch US-amerikanische Behörden – verschärften Sicherheitslage recht aufwendig geworden. Piloten sehen diese Entwicklung eher mit gemischten Gefühlen. Zum einen beruhigt es zu wissen, dass Unbefugten auch kein gewaltsamer Zutritt mehr möglich ist, zum anderen ist die eigene persönliche Bewegungsfreiheit eingeschränkt geworden. Aus nachvollziehbaren Gründen werde ich aber nicht näher auf Einzelheiten eingehen können. Die Krux an der Vorschrift ist nur, dass leider genau diese Politik einer verschlossenen Cockpittüre – die in den USA schon immer Bestand hatte – bei den Terroranschlägen in den USA jämmerlich versagt hat. Nicht zuletzt war ein „offenes" Cockpit für interessierte Fluggäste bis zum September 2001 eine sehr geschätzte Condor Firmenphilosophie. Auch bei Andreas, unserem Kopiloten, war z. B. ein Kurzbesuch im Cockpit eines Condor Urlaubsfluges mitentscheidend für seine spätere Berufswahl. Bis eine elegantere Lösung in Sicht ist, wird sich

die europäische Luftfahrtbranche aber mit der aktuellen Regelung arrangieren müssen. Verständlicherweise hat die Sicherheit stets Vorrang vor Annehmlichkeiten. Nachdem die Uhren mit dem FMS synchronisiert wurden, wird nun die so genannte Heading (Steuerkurs) Referenz von Magnetic North auf True North umgeschaltet. Der tatsächliche Nordpol liegt einige hundert Meilen vom magnetischen Nordpol entfernt, und diese Differenz (Variation), die zum Navigieren nach magnetischem Steuerkurs immer berücksichtigt werden muss, ist auf den Breitengraden hier über dem Atlantik sehr groß und wechselt häufig.

Andreas hatte kurz vor Erreichen der Nordatlantik Area einen Positionsreport mit der ETA (Estimated Time of Arrival) für NIBOG an den Lotsen durchgegeben und folgende Antwort von Shanwick erhalten:

Lotse
„Condor 2188, Shanwick, your position report copied ok at flight level 300, call now primary frequency on 5649 for SELCAL check, backup is 8879, Shanwick."

```
.D-ABUH          DE2188   28JAN   1242Z
WEATHER

EIDW
SA  281230 28019G33KT 9999 -SHRA FEW014
SCT017CB 05/03 Q1018 NOSIG
FC 280900  1019 26030G48KT 9999 SCT020
TEMPO 1019 6000 -SHRAGS SCT010 BN018CB
BECMG  1518 30030G48KT

CYHZ
SA  281200 32019G24KT 8SM -SN FEW018
OVC034 M12/M14 A2966 REMRK SC2SC6 SLP051
FT 281140 1212 RRA 32015G25KT P6SM -SHSN
BKN025 BECMG 1416 P6SM NSW SCT025 FM0000
28015G25KT P6SM SKC BECMG 0810 26005KT
REMRK NXT FCST BY 15Z

END OF WX
```

Wetterdaten von Dublin und Halifax.

Es wird immer eine zweite Backup-Frequenz mit angegeben, damit bei nicht seltenen miserablen Empfangs- und Sprachqualitäten bis hin zum Abbruch der Gespräche auf der Primary Frequenz sofort im Sinne einer nahtlosen Kommunikation umgeschaltet werden kann.

Lotse
„Condor 2188 roger, 5649 for primary and secondary 8879, good bye."

Pilot
„Condor 2188 Shanwick, roger roger."

Um einer Überlastung der Kurzwellenkanäle über dem Nordatlantik vorzubeugen, wurde das Gebiet unterteilt. Es entstanden HF-Frequenz-Familien, die mit sechs verschiedenen Kennungen von A–F versehen eine sinnvolle Verteilung ermöglichen. In Europa registrierte Maschinen werden meist NAT-C und in Nord-Amerika registrierte Flugzeuge NAT-B zugeordnet. Wir fliegen heute in der NAT-C-Region, da wir trotz des anfänglichen relativ nördlichen Kurses einen insgesamt gesehen mittleren Verlauf der Atlantiküberquerung haben und unser Condor Flugzeug östlich von 30 Grad West in Europa registriert ist. Andreas wechselt also nun auf die HF-Kurzwellenfrequenz 5649, und da ist es auch schon wieder, das bereits erwartete „prähistorische" Rauschen im Äther ...

Pilot
„Condor 2188 calling Shanwick on 5649."

Lotse
„Condor 2188, Shanwick, go ahead."
Der Empfang ist momentan sogar als recht gut zu bezeichnen.

Lotse
„Condor 2188 for SELCAL check charly mike romeo sierra."

Pilot
„Condor 2188 CM-RS is coming up."

Jedes Flugzeug hat seinen ureigenen Erkennungscode. Der Code unserer D-ABUH lautet CM-RS, den Shanwick jetzt auch angewählt hat, da ein lautes 2-Ton-Signal aus dem Lautsprecher ertönt. So können Markus und Andreas ihre Kopfhörer gleich getrost ablegen und ihre Nerven etwas schonen. Shanwick, oder später Gander, ist durch SELCAL in der Lage, Condor 2188 bei Bedarf jederzeit gezielt zu rufen.

Lotse
„Condor 2188 SELCAL ok."

Im FMC wurde durch Markus eine „Non Active" Route 2 vorbereitet. Sie dient als „Escape"-Route, um bei einem eventuell notwendig werdenden Verlassen unseres Flugweges sofort und konfliktfrei einen programmierten „Fluchtweg" für unser FMS aufrufen zu können. Bei dem heutigen Random Track besonders wichtig. Die internationale Notfrequenz auf VHF 121.5 – zur ständigen Hörbereitschaft – ist zusammen mit der so genannten Interpilot oder „Chitchat"-Frequenz auf VHF 123.45 im Cockpit gerastet. Hier können die Cockpitbesatzungen Informationen über Wettergeschehen, Turbulenzen oder andere wichtige Dinge untereinander austauschen. Wenn etwas länger in Sichtweite des anderen geflogen wird, gibt es auch hin und wieder ein paar Jokes zu hören. Da mussten Besatzungen des als etwas langsamer geltenden Airbus 340 sich schon mal den ein oder anderen – nicht ernst zu nehmenden – Spruch von überholenden Boeing-Piloten anhören. Wie zum Beispiel den: „Es schaut so aus, als wenn ihr einen Vogelschlag bekommen hättet ... aber von hinten!"

SELCAL – Selective Calling –

Das System ist ein Selektivtonrufverfahren, das ausschließlich durch die Flugsicherung im HF Kurzwellenbereich Anwendung findet.

Aufgrund störender atmosphärischer Hintergrundgeräusche können Cockpitcrews die Stummschaltung ihrer HF-Radios aktivieren und sind somit nicht mehr in Hörbereitschaft.

Um mit den Piloten eines Fluges gezielt in Kontakt treten zu können, gibt der Operator einen aus vier Buchstaben bestehenden Code in den SELCAL Encoder ein. Der Encoder erzeugt aus diesen vier Buchstaben 2 Töne, die auf der HF-Frequenz ausgestrahlt werden, auf der die Crew zuletzt mit dem Operator gesprochen hat. Dieses 2-Ton-Signal können zwar alle Flugzeuge, die auf derselben Kurzwellenfrequenz empfangsbereit sind, hören, aber nur in dem Cockpit, das auch mit dem gewählten Buchstabencode übereinstimmt, leuchtet ein Rufzeichen-Licht im Overhead Panel, und es ertönt als Hinweis noch ein weiterer Klingelton.

Airbus-Piloten amüsieren sich wiederum über die als leicht angestaubt geltenden Boeing-Modelle. Nur die zuletzt entwickelte B777 „Triple seven" gilt als entsprechend modernes und fortschrittliches Flugzeug. Letztendlich hat Airbus es verstanden, mittels seiner homogenen Cockpitphilosophie und besonders ökonomischer Flugzeuge in Bezug der Verkaufszahlen mit Boeing gleich zu ziehen und sie im Laufe des Jahres 2003 sogar zu übertreffen. Und was für einen Unterschied macht es schon,

Lufthansa A340 auf dem Wege nach Nordamerika.   Cpt. J. F. Bobadilla

wenn man bei einem etwa 7-stündigen Flug lediglich 15 – 30 Min. früher den Zielort erreicht, ohne zu wissen, ob man nach der Landung die gewonnene Zeit bei den Einreisekontrollen wieder einbüßt?

Wir verlassen den Radius, bei dem in lediglich einer Stunde Flugzeit ein für unseren Flug geeigneter Airport erreichbar wäre, und so liegt der heutige ETOPS Entry Point bei exakt 54 Grad 01 Minute 07 Sekunden NORD und 019 Grad 52 Minuten 09 Sekunden WEST oder in Kurzform 540107N 0195209W unmittelbar vor uns.

Rund 50 Minuten hinter NIBOG sind im Cockpit unsere „hungrigen Mäuler" gesättigt. Wir befinden uns mit Kurs 260° unterhalb des OTS, genau über 54 Nord 20 West. Links und rechts über uns sind einige Kondensstreifen der „organisierten Meute" zu erkennen. Andreas nimmt wieder Kontakt über Kurzwelle mit Shanwick auf, da jeweils alle zehn Längengrade ein Positionsreport gesendet werden muss:

Pilot
„Shanwick, Shanwick, Condor 2188 Position."

Lotse
„Condor 2188, Shanwick, go ahead."

Geographisches Koordinatensystem

Um es sehr verkürzt zu beschreiben, die Erde ist, um einen Standort ganz exakt bestimmen zu können, mit einem gedachten System von Kreisen überzogen, dem Koordinatensystem.

Es besteht aus Breiten- und Längen-Kreisen. Die Längenkreise, Meridiane, verlaufen über beide geographischen Pole, die Breitenkreise parallel zum Äquator. Die Distanz zwischen den Kreisen (Grade) wird in Minuten und Sekunden gemessen.

Pilot
„Position Condor 2188, 54N 20W at 14:31 flight level 300, estimating 52N 30W at 15:22, 50N 40W is next.

Ein Positionsreport muss immer zurückgelesen werden:

Lotse
„Condor 2188, your position 54N 20W at 14:31 flight level 300 estimating 52N 30W at 15:22. At 30W call Gander on 8879."

Pilot
„Condor 2188, 8879 on 30 West."

Im Grunde hat sich der jahrzehntealte Air Traffic Control Grundsatz zur Staffelung der Flugzeuge über dem Atlantik untereinander bis heute nicht verändert. Außerhalb der 250 Meilen Reichweite von Radarsystemen vertrauen Fluglotsen auf die TIME/DISTANCE-Angaben der Piloten, um sich mit diesen Daten ihr synthetisches Radarbild zu gestalten. In der heutigen Satellitenzeit aber noch über Kurzwelle kommunizieren zu müssen, bleibt ein schlechter Witz. Während Passagiere an Bord einiger Airlines mit dem Satellitentelefon in glasklarer Qualität Firmen oder Angehörige kontaktieren können, sind Flugzeugführer in ihren Cockpits noch zum großen Teil unverändert allen atmosphärischen Störungen bis hin zum Abbruch des Gespräches ausgesetzt. Man kann nur hoffen, dass die moderne Satellitenkommunikation in

Future Air Navigation System (FANS)

Neues Flugsicherungssystem, das im Wesentlichen auf der Datenübertragung in Textform über Satelliten zwischen der Flugsicherung und Flugzeugen beruht. Neben zahlreichen anderen Vorteilen erlaubt FANS die Nutzung neuer treibstoffsparender Flugrouten über entlegenen Gebieten ohne Radarabdeckung.

Zukunft auch vollständig für die gesamte zivile Luftfahrt zur Verfügung steht.

Lufthansa hat an Bord ihrer B747-400- und A340-Flotten bereits erfolgreich erste Stufen eines FANS (Future Air Navigation Systems) auf Nordatlantikstrecken etabliert. Ziel ist ein Voiceless Atlantic Crossing, also nur Datenaustausch ohne verbalen HF-Funkverkehr über dem Atlantik. Dabei erübrigt sich auch die Kommunikation im Vorhinein mit Shanwick für die Einholung einer Crossing Clearance, und Piloten brauchen die benötigte Freigabe, vereinfacht ausgedrückt, nur über Datalink in Prestwick anzufordern, um sie im Cockpit drucken zu können. Auch werden dabei alle Positionsreports über die störanfällige HF-Frequenz überflüssig, da in kurzen Intervallen und völlig automatisch die Positionen der Maschine über das Flight Management System ausgelesen und über Satellit und Datalink direkt zu den Oceanic Fluglotsen übertragen werden.

FANS setzt an Bord Satelliten-Kommunikation und GPS voraus, und viele Airlines rüsten ihre Flugzeuge nach und nach entsprechend aus. FANS wird die zivile Fliegerei mittelfristig revolutionieren, und eine terrestrische Navigation wird es in einigen Jahren nur noch eingeschränkt geben. Und die weitere Zukunft? Das endgültige Ziel lautet ADS (Automatic Dependant Surveillance). Hierbei wird eine komplett virtuelle Radarbildumgebung geschaffen. Etwa 30 % der Atlantik-Flüge nutzten Anfang 2004 bereits eine Vorstufe von zwei Systemen dieser Art.

ADS und CPDLC. Beides befindet sich noch im Einführungs- oder Probestadium. Das aktuelle ADS verwendet nur automatisch empfangene Waypoint Reports (WPRs). CPDLC be-

Weiter auf Seite 84

Shanwick OACC

NATS OACC Opsroom
Supervisor
© NATS

NATS Clearance
Delivery Officer
© NATS

Clearance Delivery Officer (CDO)

Circa eine Stunde vor Erreichen der Nordatlantik-Grenze müssen die Piloten sich den geplanten NAT-Track mit Entry Point, Geschwindigkeit, Zeit und auch gewünschtem Flight Level für

Planning Controller

Der Flugplaner bewertet eingehende Anfragen und entscheidet, wie der Request in den übrigen Verkehr passt. Dies kann auch bedeuten, dass ein komplettes Routing oder nur die geplante Höhe oder Geschwindigkeit durch ihn verändert wird. Vorausfliegende Maschinen werden dabei genauso in Betracht gezogen wie nachfolgende. Die Flugzeuge werden qua-

die Atlantiküberquerung über VHF-Frequenz beim Shanwick CDO in Prestwick bestätigen lassen. Die Anfrage wird hierbei in eine geeignete Syntax gebracht und dem Flugplaner auf dem Bildschirm angezeigt.

si mehrspurig zu Perlenketten aufgereiht, in denen die exakte Einhaltung der Mach-Geschwindigkeit oberstes Gebot ist. Ein langsameres Flugzeug, das z. B. mit einer Geschwindigkeit von nur Mach 0,76 fliegen kann, muss daher eher mit abgeänderten Routings rechnen. Hauptaufgabe ist es auf dieser Position, den verfügbaren NAT-Luftraum so optimal wie möglich zu verwalten.

Shanwick OACC Operationsroom

Oceanic Enroute Controller arbeiten einzigartig. Es gibt keine direkte Kommunikation mit den Cockpitbesatzungen. Es kann aber bei Bedarf dem Traffic Dispatch Operator – der ebenso im Kontrollraum sitzt – telefonisch eine Nachricht diktiert werden, die über das Flight Data Processing System (FDPS) elektronisch zu den HF Radio Operatoren nach Irland weitergeleitet wird. Ist bereits eine Kommunikation über CPDLC (Seite 81) möglich, erfolgt ein vergleichbarer Prozess über einen ebenfalls im Raum sitzenden CPDLC-Operator. In Kürze wird CPDLC direkt am Arbeitsplatz des Lotsen zur Verfügung stehen. FDPS ist der größte Assistent eines Oceanic-Lotsen und besteht aus zwei Computern, die ein Netzwerk aus 10 Kontroller-, 3 Clearance Delivery-, 2 Data-Communications-, CPDLC-, Supervision- und Flightplan-Reception-Positionen steuern. Alles läuft vollautomatisch von der Flugplanaufgabe und Verwaltung bis hin zum Datenaustausch mit anderen ATC-Stellen. Der Clou ist aber, dass das FDPS die Einhaltung der minimalen Staffelungsabstände eigenständig überwacht und der Enroute-Lotse erst bei einem Warnhinweis des Systems selber aktiv wird.

NATS OACC
Planning
Controller
© NATS

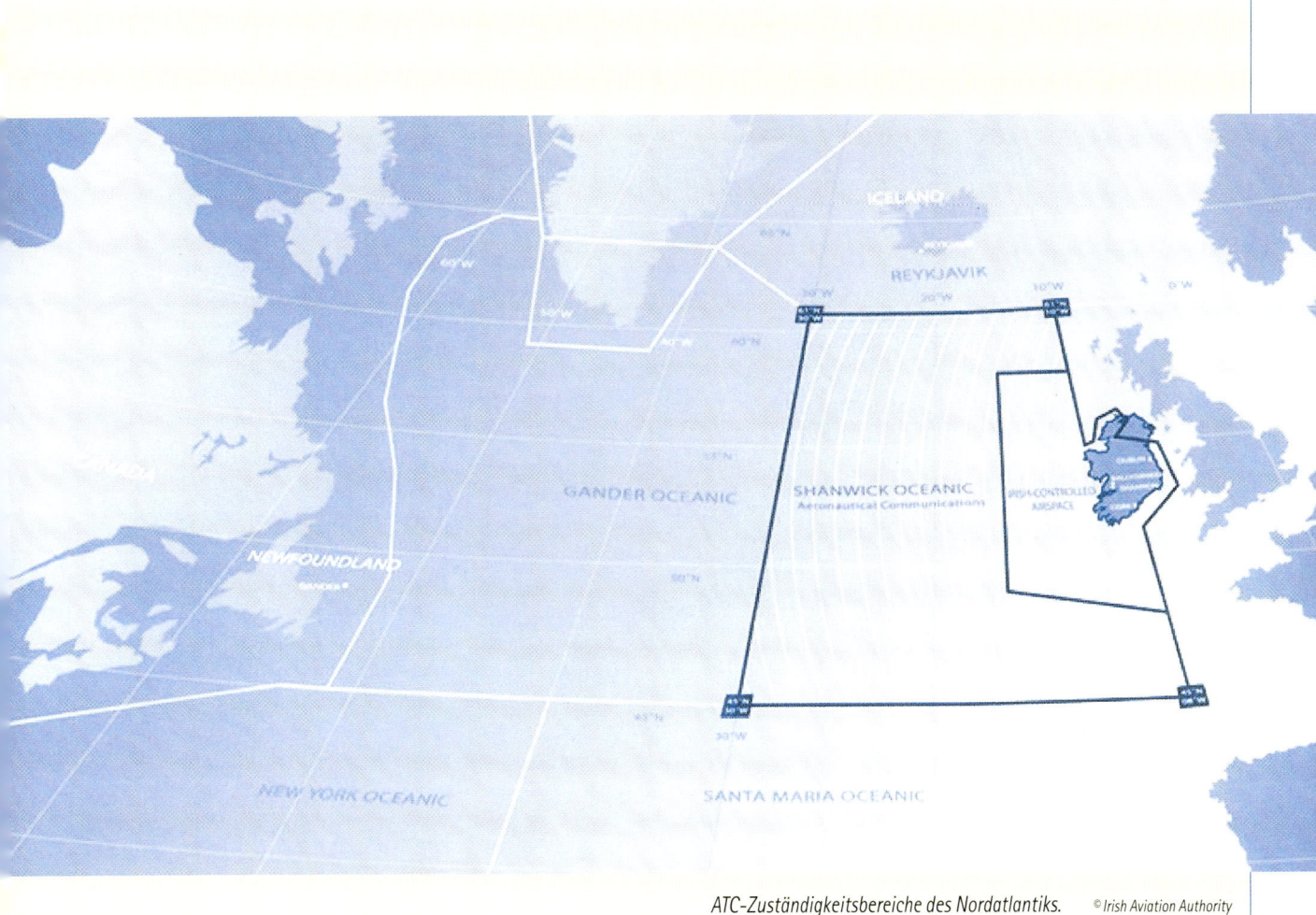

ATC-Zuständigkeitsbereiche des Nordatlantiks. © Irish Aviation Authority

Der Bildschirm eines OACC-Lotsen, der in der Nachtschicht die Flüge in östlicher Richtung betreut. Auf dem Track U sind aufgereiht sechs Flüge mit Zielen in Europa dargestellt. © NATS

Condor 2188 MUC-VRA Flug, mit anfänglich ähnlichem Routing wie bei unserem Trip, auf dem Bildschirm von HF Shanwick Aeradio.

John Power

```
=[F3-Search, F1-Repeat Search, F12-Extract]======[\ECTARCHU\SEARCH.TMP]=
ZCZC AGC014 251029
FF EIAALGXX
251029 EIAAZZZX
(POSB0650-CFG2188-DOGAL/1029 F330 55N020W/1053 NEXT 56N030W
-EIAA RB ZU/C)
ooooooooNNNN

*** \ 1031 25May04      93 Rx AGC020 FF 251030 EIAAZZZX Jep10310.0Xr ****

ZCZC AGC020 251030
FF EIAALGXX
251030 EIAAZZZX
(MIS-CFG2188-AEJS
EIAA RB TC)
ooooooooNNNN

*** \ 1056 25May04      143 Rx AGC174 FF 251056 EIAAZZZX Jep10560.2Xr ****

ZCZC AGC174 251055
FF EIAALGXX
251056 EIAAZZZX
(POSB0710-CFG2188-55N020W/1053 F330 56N030W/1138 NEXT 56N040W
-EIAA RB TCNXTUC)
==== I/P Msgs = 21 ==== O/P Msgs - 0 ==== Logs = 0 ==== Total = 21 ==
```

'The charming faces behind the voices' von Shanwick Aeradio   © IAA Shanwick

deutet Controller Pilot Data Link Communications. Datalink Messages werden hierbei als Text über Satelliten zwischen Oceanic Control und Cockpit ausgetauscht. Diese Textmeldungen behandeln Wünsche und Anweisungen für Geschwindigkeits- und Höhenänderungen. CPDLC setzt ADS an Bord voraus. Das Ende der heutigen Kurzwellenkommunikation ist also zumindest absehbar. Wir werden in unserer B767 aber wieder die Dienste der Radio Operator in Anspruch nehmen.

52 Nord und 30 West ist nun der für den Flug nächste Waypoint. Er liegt aber noch 380 nautische Meilen (gut 703 Kilometer) und rund 50 Minuten Flugzeit vor uns. Vorne in der Comfort Class ist der ausgiebige erste Service noch nicht beendet. Bei den Gästen der Economy Class laufen nach dem Essen bereits erste News und Zusatzfilme des Unterhaltungsprogramms. Alle Flugbegleiter sind ständig auf den Beinen, um den zahlreichen Einzelwünschen möglichst gerecht zu werden. Eine Decke, ein

weiteres Kissen, vielleicht eine Kopfschmerztablette, oder für das Baby ein aufgewärmtes Gläschen mit Karottenbrei sind nur ein paar Möglichkeiten, die den Aufenthalt der Passagiere an Bord wirklich angenehm gestalten. Das Berufsbild des Flugbegleiters hat sich seit seinen Anfängen vor über 75 Jahren sehr gewandelt. Doch egal ob Stewardess, Flugbegleiter oder auch die heutigen so genannten Service Professionals, eines hat sich über die vielen Jahrzehnte nicht geändert: Der Mythos des „Traumberufs" zieht immer noch unzählige junge Frauen und Männer in seinen Bann. Trotz, oder gerade wegen, einiger Klischees und Vorurteile, die sich über die Jahre hinweg hartnäckig gehalten haben.

Fliegen ist zur Alltäglichkeit des modernen Lebens geworden. So alltäglich, wie mit dem Bus oder der Eisenbahn zu fahren. Gut so, denn eine der ganz großen Errungenschaften des zwanzigsten Jahrhunderts war ganz zweifelsohne die hinzugewonnene Mobilität. Nicht mehr in 7 Tagen mit

dem Schiff, sondern in nur 7 Stunden mit dem Flugzeug gelangt man nach New York. Mit der Concorde, bei doppelter Schallgeschwindigkeit, ging es in nicht mal 3 Stunden ... Ob sich die Passagiere hinten in der Kabine darüber wohl ihre Gedanken machen? Ob sie eigentlich wissen, wer die Pioniere des Fliegens oder die wagemutigen Piloten der allerersten Atlantiküberquerung waren?

Amerika und der Rest der Welt haben 2003 den einhundertsten Jahrestag der Motorfliegerei gefeiert, doch wer tatsächlich zuerst die Schwerkraft überlistet hat, darüber streiten sich noch heute Fachleute und Lobbyisten. Waren es 1897 die ersten Hüpfer des französischen Ingenieurs Clement Ader? Oder gebührte im Jahr 1901 dem deutschen Gustav Weißkopf aus dem fränkischen Leutershausen die Ehre? Auch Karl Jatho aus Hannover zählt mit seinem 18-Meter-Flug im Jahre 1903 zu den Männern der ersten Stunde. Vielleicht sollte das Wort fliegen zuerst definiert werden, denn kurze Luftsprünge, ohne das Fluggerät dabei kontrollieren zu können, waren zwar allesamt sehr wichtig, um sich mit den physikalischen Grenzen auseinander zu setzen, verdienten jedoch nicht die Bezeichnung eines Fluges – noch nicht. Und so gelten die Gebrüder Wright mit ihrem Zwölf-Sekunden-Flug am 17. Dezember 1903 als eigentliche Urväter der Fliegerei. Sie waren wohl tatsächlich erstmals in der Lage, ihr Flugzeug zu steuern und dabei kurzfristig die Höhe beizubehalten. 16 Jahre später, im Jahr 1919, gelang den beiden Engländern Alcock und Brown die allererste Überquerung des Atlantiks mit dem Flugzeug. Aber erst Charles Lindbergh mit seinem 33 $\frac{1}{2}$-Stunden-Alleinflug im Mai 1927 von Long Island (New York) nach Le Bourget (Paris) rückte diese überaus glorreichen Pioniertaten vollends in das Bewusstsein der Weltöffentlichkeit. Amelia Earhart wurde im Jahr 1932 die Ehre zuteil, als erste Frau alleine den Atlantik nonstop im Flugzeug bezwungen zu haben. Bei ihrem Flug von Neufundland aus Richtung Osten landete sie nicht unweit des nordirischen Londonderry. Allen diesen mutigen Pionieren verdanken wir den heutigen modernen und komfortablen Luftverkehr, der jedes Jahr weit über 50 Millionen Menschen allein von der einen auf die andere Seite des Atlantiks befördert.

Nach gut vier Stunden ist noch nicht einmal die Hälfte unserer Flugzeit vorbei. Wir befinden uns aber über 52 Nord 30 West bereits über der relativen Mitte unserer eigentlichen Atlantiküberquerung.

30° West beschreibt in erster Linie den Übergang der Verantwortlichkeit vom britischen Shanwick zum kanadischen Gander. Für Markus und Andreas bedeutet das wieder etwas Arbeit, aber zuerst muss, wie vor jedem Waypoint im MNPS, die Present Position mit unserem Track verglichen werden. Ebenso müssen vor dem Position Report die nächsten relevanten Waypoint-Koordinaten des OFP mit denen des FMS abgeglichen werden. Beim Überflug über den Waypoint selber wird auch die Distanz zum neuen Waypoint verifiziert, sowie der neue Track gegenüber dem Sollkurs überprüft. Etwa alle 20 Minuten werden die Piloten auch die Present Position (PPOS) mit dem cleared Track aus der Nordatlantik-Streckenkarte abgleichen. Andreas notiert die Ankunftszeiten an den jeweiligen Waypoints zusätzlich noch auf dem OFP Flugplan. Diese zahlreichen Kontrolltätigkeiten garantieren jederzeit einen vollständigen Überblick im Cockpit und verhindern so unbemerkte Abweichungen durch ein möglicherweise fehlerhaftes System.

Die Elektronik in den Motoren synchronisiert im Zusammenspiel mit der automatischen Schubkontrolle die

Leistung der beiden Triebwerke. Jedoch ist hin und wieder ein kleiner manueller Eingriff über die Schubhebel nötig, um den minimalen Leistungsunterschied beider Motoren auszugleichen. Dieses so genannte Throttle Staggering dient nur dem Passagierkomfort, da ansonsten in der Kabine ein sonores Motorenbrummen wahrzunehmen wäre.

Markus vergleicht gerade die beiden Anzeigen der Höhenmesser und trägt die Werte ins Technical Logbook ein, damit die Techniker in Deutschland bei eventuell über das Limit gehenden Abweichungen nach dem Rückflug der Maschine reagieren können. Trotz all dieser Aufgaben verbleibt bei so einem langen Flug genügend Zeit zu entspannen und sich zu unterhalten.

Jan-Paul hat für seine Langstreckeneinweisung vom Kapitän die Aufgabe erhalten, einige Positionsreports über dem Atlantik zu übernehmen.

Routiniert klingt es aus den Kopfhörern:

Smalltalk ...

Pilot
„Gander, Gander, Condor 2188 is calling Gander on 8879."

Lotse
„Condor 2188, Gander, go ahead."

Pilot
„Position Condor 2188 to copy Shanwick, 52 North 30 West at 15:23 flight level 300, estimate 50 North 40 West at 16:19, 47 North 50 West next.
Weather, minus 56 330 diagonal 80, mid at 53 North 25 West minus 55 310 diagonal 95. SELCAL CM-RS."

„Arbeitsgerät" des Kopiloten.

Auf einem NAT-Track innerhalb des OTS brauchen Piloten normalerweise keine Wettermeldung mit an den Positionsreport zu hängen. Auf unserem Random Track jedoch werden von den Cockpitcrews nicht nur Wetter am jeweiligen Reporting Point, sondern auch Wetterdaten vom halben Weg dazwischen erwartet. Die Temperatur sowie der Wind mit Richtung und Geschwindigkeit werden dabei über Radio Operator an die Atlantik Controller übermittelt und letztendlich an Meteorologen zur Erstellung von detaillierten Wetterprognosen weitergeleitet. Das tatsächliche Wettergeschehen im Abstand von fünf Längengraden auf unserer Höhe vermittelt ATC ein recht gutes Bild der Situation im jeweiligen Gebiet. Ein äußerst aufmerksames Zuhören und Mitschreiben seitens der Crew ist während des Readbacks des HF-Kurzwellenoperators jedes Mal enorm wichtig. Es werden mit einer derartigen Message auf schnelle Art und Weise lauter Zahlen übermittelt und den Piloten förmlich um die Ohren gehauen. Ein Missverständnis, nicht zuletzt aufgrund der miserablen Sprachqualität, ist dabei nicht ausgeschlossen. Im Zweifel wird selbstverständlich nachgefragt.

Der Operator meldet sich:

Lotse

„Condor 2188 Gander to copy Shanwick, 52 North 30 West 15:23 Level 300, 50 North 40 West 16:19, 47 North 50 West is next.
Weather report copied ok. At 40 West report to Gander on 5649, SELCAL charly mike romeo sierra coming up."

Eine Positionsmeldung wird vom Controller immer zurückgelesen, ein Wetterreport braucht jedoch nur mit der Terminologie „copied" bestätigt zu werden. Da mit Gander ATC nun ein weiteres Control Center für uns zuständig wird, ist aufs Neue das SELCAL (Selective Calling System) zu überprüfen. Das 2-Ton-Signal ertönt ein paar Sekunden später, und Jan-Paul bestätigt:

Pilot

„Condor 2188 Selcal ok, all correct at 40 West over to 5649, so long."

Nach jedem Positionsreport wird der jeweils gerade überflogene Waypoint im OFP durchgestrichen. Außerhalb der VHF-Reichweite über dem Atlantik läuft der Transponder an Bord unter dem Code A2000. Das gekoppelte Traffic alert and Collision Avoidance System (TCAS) wird somit befähigt,

andere Flugzeuge erkennen zu können und selbst für andere Luftfahrzeuge mit einem Transponder und TCAS an Bord erkennbar zu werden. Der gegenwärtig aktive TCAS-Mode „TA/RA" (Traffic Advisory/Resolution Advisory) schöpft die volle Leistungsfähigkeit dieses für die moderne Luftfahrt sehr wichtigen Systems aus.

TCAS fragt die Transponder anderer Luftfahrzeuge im Umkreis von ca. 70 Kilometer ab und ermittelt aus den gewonnenen Daten, ob sich ein Konflikt für den eigenen Flug ergeben könnte. Piloten erhalten dabei kleine Symbole von Positionen der Flugzeuge in ihrer Nähe auf das bordeigene Navigationsdisplay projiziert. Ein Trendpfeil zeigt zusätzlich, ob das fremde Flugzeug steigt oder sinkt. Dieses wird mit entsprechender Rate in Relation zum eigenen Flugzeug dargestellt. Die Symbole verfärben sich je nach Grad einer Annäherung. Von Weiß über Gelb bis hin zu Rot bei gefährlichen Konflikten. Aktuelle TCAS-Systeme belassen es aber nicht nur bei den visuellen Hinweisen auf ein mögliches Kollisionsrisiko. Denn es wird zusätzlich eine synthetische Stimme generiert, die anfänglich mit „Traffic, traffic" eine Traffic Advisory

---

Typische Bewölkung über dem Atlantik.

Auch nicht ungewöhnlich für längere Zeit.

Andreas im Gespräch mit dem Lotsen.

(TA) – Hinweis auf Verkehr, der zu einem Konflikt führen könnte – ausgibt, um anschließend bei einer noch unbereinigten Situation laut und deutlich eine Resolution Advisory (RA) zu generieren.

Diese RA gibt kurz und präzise mit „Climb, climb!" oder „Climb now!!" dringende Ausweichempfehlungen. Das Geniale an dem System ist dabei, dass es mit dem Gegenüber kommuniziert hat. Die Besatzung der anderen Maschine, mit der sich eine gefährliche Annäherung anbahnt, wird also von ihrem System eine gegenteilige RA wie „Descent, descent!" oder aber „Descent now!!" erhalten. Condor – wie mittlerweile fast alle Airlines – schreiben ihren Besatzungen eindeutig vor, einer TCAS Resolution Advisory Folge zu leisten. Denn TCAS kann nur so genannte Midair Collisions verhindern, wenn das Verhalten bei Resolution Advisorys einheitlich vorgeschrieben wird.

Sollte die Crew hier über dem Atlantik außerhalb der VHF-Reichweite ein dringendes Firmengespräch mit Kelsterbach oder aus sonstigen Gründen mit der Heimat führen müssen, würde dieses über Kurzwelle und „Stockholm Radio" abgewickelt werden. Stockholm bietet eine regelrechte Dienstleistung im Vermitteln von Telefonaten oder Nachrichten. Falls Markus sich über „Stockholm Radio" privat zu seiner Frau nach Hause durchstellen ließe – auch das funktioniert – müsste er wahrscheinlich nur die nachfolgende Rechnung gegenüber seinem vorgesetzten Flottenchef oder Flugbetriebsleiter begründen. Aber auch direkt über Kreditkarte kann abgerechnet werden! Da natürlich recht viele Besatzungen zuhören und auch lauschende Amateurfunker am Boden präsent sind, sollten die doch vertraulichen Daten der Kreditkarte nur in wirklich dringenden Fällen zur Anwendung kommen. Auf einem seiner Atlantiküberquerungen konnte Markus mitverfol-

gen, wie ein Pilot seiner Großmutter daheim zum 80. Geburtstag gratuliert hat. Selbst einige Rundfunkinterviews mit Besatzungen, die sich hoch über dem Atlantik befanden, sind schon live aus dem Studio über Stockholm Radio geführt worden.

Bei 40 Grad West ruft Andreas Gander für eine erneute Positionsmeldung auf der neu zugewiesenen HF-Frequenz 5649, und der Lotse hat auch direkt eine Routenänderung für unseren Flug parat:

Lotse
„Condor 2188, we have a revised routing for you, ready to copy? "

Pilot
„Gander, Condor 2188, go ahead."

Lotse
„Condor 2188 revised routing after 47 North 50 West via direct LOMPI FOCUS AKERS and CLXTN, read back."

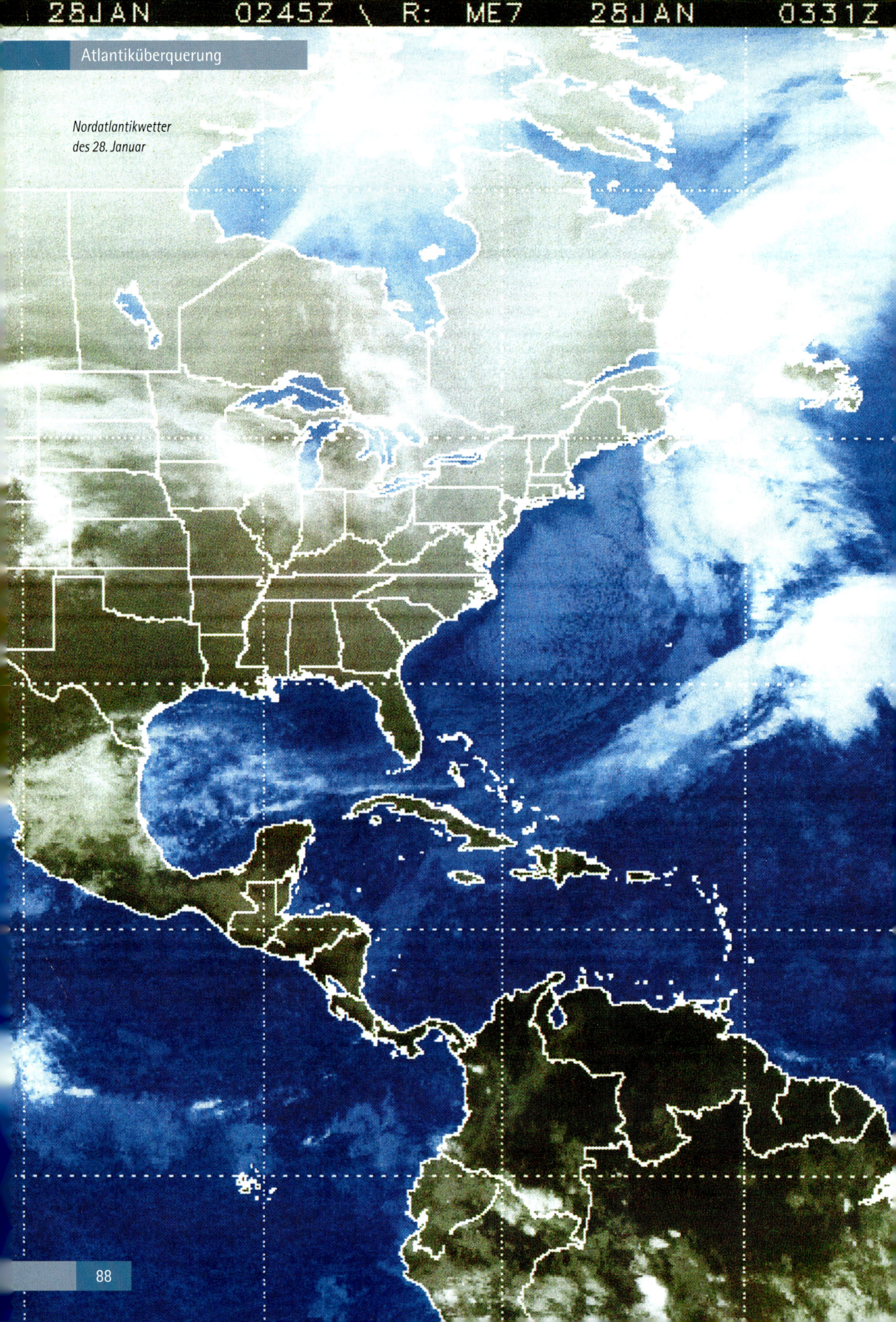

Atlantiküberquerung

*Nordatlantikwetter
des 28. Januar*

Es hat sich nun eine kleine Abweichung zur ursprünglich geplanten Route ergeben, und die beiden Piloten überprüfen die neuen Waypoints sehr genau, nachdem Andreas im FMS die Daten entsprechend geändert hat. Bei 40 Grad West wurde von uns der südlichste und somit letzte der sechs OTS-Tracks unterquert.

Der anschließenden Bitte seitens der Crew, daraufhin endlich höher fliegen zu dürfen, konnte Gander nur sehr zögerlich entsprechen und ließ uns für den Moment lediglich auf Level 310 (9450 m) steigen. Ganz schön mühsames Spiel heute. Bei etwa 49° Nord 43° West liegt der ETOPS Exit Point für den Flug. Das heißt, es wird wieder das Gebiet über dem Atlantik verlassen, auf dem die strengen ETOPS-Kriterien berücksichtigt werden müssen, da von nun an Airports entlang unserer Route immer innerhalb der 60 Minuten Reichweite erreichbar sein werden. Die digitale Fuel-Anzeige des Center Tanks weist mittlerweile lediglich eine verbleibende Spritmenge von 0,5 Tonnen aus. Daher wird es jetzt Zeit, die elektrischen Pumpen abzustellen, um sie nicht trocken laufen zu lassen.

Beide Triebwerke beziehen ihren Treibstoff nun ausschließlich über die Tanks in den Tragflächen. Nachdem später ein paar Tonnen Treibstoff aus den Wingtanks verbraucht sind, wird die im Centertank verbliebene halbe Tonne Fuel automatisch in die Wings geleitet. Momentan stehen noch ca. 37 Tonnen Kerosin für die verbleibenden rund 2500 Meilen bis Varadero zur Verfügung. Knapp 30 Tonnen Fuel sind bisher verbraucht worden. Das bedeutet auch, dass nach 5:45 Stunden Flugzeit etwas über die Hälfte unserer Reise hinter uns liegt.

Nach knapp sechs Stunden Flugzeit stehen wir über 50° West vor dem Ende der MNPS Area und auch dem Ende unserer eigentlichen Atlantiküber-querung. Trotzdem werden wir noch über fünf weitere Stunden sehr viel Wasser unter unserem „Kiel" haben, da es anschließend über die Sargasso Sea entlang der amerikanischen Ostküste geht. Auf jeden Fall kann jetzt Gander wieder über VHF gerufen werden, da wir innerhalb der 200 NM (370 km) Reichweite sind. Damit ist die lange Phase der Kurzwellen-Kommunikation vorübergehend vorbei.

Pilot
„Gander Condor 2188 heavy, good afternoon."

Lotse
„Condor 2188 heavy, Gander Radio, go ahead."

Pilot
„Condor 2188, checked position 47 North 50 West at 17:20 level 310, estimate LOMPI at 17:42, FOCUS is next. Able higher level 350 at Focus."

Lotse
„Condor 2188 roger, for higher call Gander Center now on 132.05, good day."

Der Atlantik-Lotse hat uns nun an die reguläre Flugsicherung im kanadischen Gander weitergeleitet.

Pilot
„Gander, good afternoon, Condor 2188 heavy flight level 310."

Lotse
„Condor 2188 heavy, this is Gander Center, good day to you, squawk ident Code 3121, say estimate LOMPI and requested flight level."

Pilot
„Condor 2188, 3121 ident, we estimate LOMPI at 17:42, requested flight level is 350."

Lotse
„Condor 2188 is radar identified, stand by for higher."

Kurz darauf kommt auch schon die Freigabe auf wenigstens FL 340 oder 10363 m steigen zu dürfen. Geht doch ... Andreas bestätigt bei Erreichen der neuen – fast optimalen – Höhe mit:

Pilot
„Gander, Condor 2188 reaching and maintaining flight level 340."

Hier im kanadischen wie auch später im US-amerikanischen Luftraum wird beim ersten Kontakt auf einer Frequenz erwartet, dass die Piloten den Term „Heavy" an die Flugnummer anfügen, um wie bereits erwähnt mithörenden Crews die Info zu geben, dass es sich hier um ein Wide-Body-Flugzeug mit größeren Wirbelschleppen handelt.

Vorhin in der NAT Area hatte Andreas noch eine so genannte WAH (When able higher)-Prognose für den Lotsen mit angehängt:

Pilot
„Able higher level 350 any time, level 360 at 17:15, level 370 at 18:45, level 380 at 20:45."

Somit bekam auch der Oceanic-Lotse einen Überblick, welche Höhe zu welchem Zeitpunkt bei unserem Fluge möglich und sinnvoll wäre. Ob man dadurch etwas leichter oder eher seine gewünschte Höhe erhält, sei mal dahin gestellt. Da der MNPS bei 50° West wieder verlassen wurde, wird der Heading Reference Switch des Steuerkurses zurück von True North auf Norm, also Magnetic North, gestellt. Genau 200 Meilen vor dem Waypoint FOCUS haben wir noch ein Gewicht von 144 Tonnen und somit bisher runde 40 Tonnen Kerosin verbraucht. Neufundland liegt jetzt in Sichtweite rechts – also nördlich unserer Position.

Einige Meilen weiter südlich auf der linken Seite bei etwa Nord 41°44.0 und West 049°56.8 befindet sich das Grab der Titanic. Die Passagiere möchten so etwas aber während des Fluges nicht wirklich wissen, und es wird auch aus dem Cockpit keinen Hinweis darauf geben. Nicht nur die Schifffahrt hat es hier erwischt, auch die Luftfahrt hatte in der Vergangenheit tragische Verluste über der Region zu beklagen. TWA verlor dabei vor einigen Jahren eine Boeing 747, Swissair eine MD11 und Egypt Air eine B767. Bei Dunkelheit kann bei wolkenlosem Himmel in der Region Nord 46°45.00/West 048°47.00 der sehr helle Feuerschein brennenden Gases einer Atlantikbohrinsel aus der Luft beobachtet werden.

Langsam beginnt es etwas heftiger zu wackeln, und da die Crew genau in diesem Gebiet einen quer verlaufenden Jetstream mit über 100 Knoten Windstärke erwartet, sind die Anschnallzeichen durch den Kapitän er-

neut aktiviert worden. Markus macht noch wegen der Turbulenzen eine zusätzliche Ansage aus dem Cockpit. Die Geschwindigkeit wird kurzzeitig auf die Turbulence Penetration Speed verringert. Dabei handelt es sich um eine für die B767 ermittelte Geschwindigkeit von 290 kt/0.78 M, bei der die Maschine während turbulenter Flugverhältnisse die geringsten Erschütterungen aufweist. Ein paar Meilen entfernt in der Nähe des Waypoints SLATN hatte es – nur ein paar Wochen nach unserem Flug – eine B747 der Lufthansa auf dem Flug von Miami nach Frankfurt erwischt. Sie geriet in FL 330 in sehr schwere Tur-

bulenzen. Den Jetstream hatte die Crew erwartet, die extremen Clear Air Turbulences nicht. Denn dieses CAT-Gebiet war in der Significant Weather Chart nicht verzeichnet. Es kam zu einer Oszillation (starke Schwankung) der Geschwindigkeit mit einem Höhenverlust von 1500 Fuß oder gut 500 Meter. Obwohl die Anschnallzeichen zu dem Zeitpunkt eingeschaltet waren, sind dabei einige Besatzungs-

---

Die Runway 15/33 wurde mit 40 geparkten Großraumflugzeugen blockiert.

© Halifax Intl. Airport

Mit freundlicher Genehmigung der Halifax Intl.

Airport Authority.

mitglieder und auch einige nicht angeschnallte Fluggäste verletzt worden. Aus dem Grunde auch hier noch einmal die Empfehlung der meisten Airlines, während des Fluges möglichst locker angeschnallt sitzen zu bleiben. Heutige Verkehrsflugzeuge haben, wie auch in diesem speziellen Fall, keine größeren Probleme mit solchen sehr seltenen Vorkommnissen. Aber dieses Beispiel zeigt, dass man „Fasten Seat Belts"-Zeichen ernst nehmen sollte. Auch wenn Vorhersagen von Höhenwinden und Jetstreams erstaunlich genau sind, umgibt die Interpretation von Windcharts immer noch ein leichter Hauch des Lesens im Kaffeesatz.

In unserer momentanen Nähe von Gander und Halifax werden zahlreiche Flightcrews, die am 11. September 2001 ebenfalls auf dem Wege nach Nordamerika waren, immer wieder an die – gerade auch für die zivile Luftfahrt – wirklich dramatischen Ereignisse des furchtbaren Tages erinnert. Ein Lufthansa-Kapitän, der

sich mit seinem A340 auf dem Wege von Frankfurt nach Dallas befand, erzählt:

„Wir hatten bereits die Oceanic Control verlassen und waren unter der Aufsicht von ATC Gander, als ein KLM-Kollege auf der Interpilot-Frequenz 123.45 von einem Flugzeug berichtete, das in das World Trade Center gestürzt sei. Wir waren im Cockpit natürlich noch der Meinung, dass es ein Unfall sei. Als dann auf derselben Frequenz noch eine Meldung kam, dass weitere Maschinen auf das WTC und Pentagon gestürzt seien, konnten wir das alles nicht mehr glauben.
Aber nach der Aufforderung von ATC Gander ,YOU HAVE TO LAND' wurde uns klar, dass es sehr ernst war. Wir waren zu dem Zeitpunkt etwa 150 Meilen südlich von Gander kurz vor 60° West, wären wenigstens noch

gerne nach Montreal weitergeflogen, durften aber nicht mehr. Die Order hieß ,Landen innerhalb der nächsten Minuten!"

Die übrige Crew sowie alle Gäste wurden ausführlich über die bisher bekannten Geschehnisse und der daraus resultierenden vollständigen Sperrung des US-amerikanischen und kanadischen Luftraumes unterrichtet. Lufthansa 438 war nach Virgin Atlantic und Air France eine der ersten Maschinen, die gegen 12:30 Ortszeit in Gander gelandet ist. Im Anschluss folgten noch weitere 32 Großraumflugzeuge, die auf den doch sehr kleinen Airport ausweichen mussten. Das nur 12000 Einwohner zählende Städtchen Gander wurde völlig unvorbereitet mit bald der gleichen Anzahl an Passagieren überschwemmt, die überdies ein paar Tage aufgrund der anhaltenden Sperrung des kana-

Die gestrandeten Langstreckenflugzeuge zahlreicher europäischer und nordamerikanischer Fluggesellschaften. (Siehe auch Bild Seite 91.)
Mit freundlicher Genehmigung der Halifax Intl. Airport Authority. © Halifax International Airport

dischen Luftraums dort festsaßen. Was das Flughafenpersonal, die Einwohner und Hilfsorganisationen von Gander und weiterer kanadischer Ausweichflughäfen wie Halifax, St. John's, Stephenville und Bangor für die vielen tausenden gestrandeter Passagiere an logistischer und vor allem selbstloser Hilfe geleistet haben, ist mit Worten kaum zu beschreiben und würde ein eigenes Buch füllen. Lufthansa hatte im Übrigen als einzige der betroffenen Airlines unverzüglich zahlreiche Mitarbeiter des konzerninternen Special Assistance Teams (SAT) – ist auch für Condor zuständig – nach Kanada und in die USA entsandt. Diese speziell geschulten Mitarbeiter aus den verschiedensten Abteilungen der Lufthansa garantieren bei Krisen-, Zwischen- oder Unfällen nicht nur praktische Hilfe im Heimatland und vor Ort, sondern sie leisten sehr gezielt Beistand und sind in erster Linie Ansprechpartner für betroffene Fluggäste und deren Angehörige.

Auf der ATC-Frequenz von Gander ist gerade ein interessanter Call zu hören:
„Gander, Speedbird Concorde two requesting flight level 510."
Markus und Andreas grinsen sich nur kopfschüttelnd an. Diese Höhe, die gerade von einer British Airways Concorde requested wurde, ist ansonsten für sämtliche anderen Verkehrsflugzeuge unerreichbar. In Höhen deutlich über 15000 Metern können Concorde-Passagiere bereits die Erdkrümmung recht gut ausmachen. In einem „normalen" zivilen Jetliner findet der Reiseflug in aller Regel bis zu einer Höhe von rund 12000 Metern statt. Mit einer Concorde flog man in Höhen bis knapp 20000 Metern. Dort oben, deutlich oberhalb der Tropopause, genossen Concorde-Piloten den dann leeren Luftraum nur für sich allein, und da in diesen Höhen bis auf ein paar restliche Winde keinerlei Wetter mehr vorzufinden ist, ergaben sich stets ideale Flugbedin-

Im Boeing-Cockpit wird auf den Knien gegessen. Im Airbus-Cockpit gibt's Tische.

gungen. Wirklich schade, obwohl ökonomisch und ökologisch verständlich, dass seit dem Jahr 2004 auch British Airways keine planmäßigen Concorde-Flüge mehr im Programm hat.

Der Windvektor auf dem Navigationsdisplay zeigt momentan einen starken Wind mit 132 Knoten aus Richtung 198 Grad. Daraus resultiert eine rein rechnerische Gegenwindkomponente von genau 92 Knoten. Bei einem Track (Sollkurs ohne Windeinfluss) von 223° ergibt das einen geflogenen Steuerkurs von 198°. Die Nase unserer B767 wird also durch FMS und Autopiloten mit einem immerhin 25° großen Vorhaltewinkel in den Wind gedreht, um eben nicht „vom Winde verweht zu werden".

Gander hatte uns in der Zwischenzeit bereits an „New York Oceanic Control" abgegeben. Unvermittelt ertönen aus den Lautsprechern in bestimmten Intervallen die rhythmischen Laute eines Emergency Locator Transmitters (ELT). Die internationale Notfrequenz 121.5 ist immer noch gerastet, und so sind diese Töne eines wahrscheinlichen Notrufes im Cockpit zu empfangen. Kurz darauf werden wir auch schon vom „New York Oceanic"-Lotsen angesprochen, ob das Signal bei uns ebenfalls zu empfangen sei.

Als Markus dies bejaht, bittet New York uns, genau darauf zu achten, an welcher Position das Signal am stärksten ist, und um die dann genaue Angabe der Koordinaten. Vermutlich handelt es sich um einen Zwischenfall auf einem Boot irgendwo unter uns. Die US Coast Guard Flugzeuge werden auch anhand unserer Positionsangaben dieses Zielgebiet ansteuern, um der Sache auf den Grund zu gehen. Da heutzutage nicht nur Flugzeuge und viele Boote einen ELT an Bord haben, sondern es bereits Uhren mit diesem System gibt, bleibt nur zu hoffen, dass lediglich ein Fehlalarm vorliegt.

Nach 8 $\frac{1}{2}$ Std. Flugzeit bei CLXTN, unter der Kontrolle von New York auf Kurzwellenfrequenz 8826, wird die Genehmigung erteilt, auf Level 350 (10668 m) zu steigen. Der Nordosten der USA bis hinaus auf den Atlantik ist die weltweit am stärksten beflogene Region. Daher verwundert es nicht, dass auch eines der größten Air Traffic Control Center für die dortige Verkehrsabwicklung zuständig ist. „New York Center" und auch „New York Oceanic Control" sind seit 1963 auf dem Gelände des Mc Arthur Airport's von Islip auf Long Island, etwa 40 Meilen östlich von New York City, angesiedelt. Unser Kurs verläuft in einer Entfernung von 200 – 300 NM

Planning Chart
Central Atlantic Crossing
Information - Summary only

Download available:
www.planningcharts.de

Übersichtskarte Central Atlantic Crossing mit unserem weiten Routing bis Varadero.

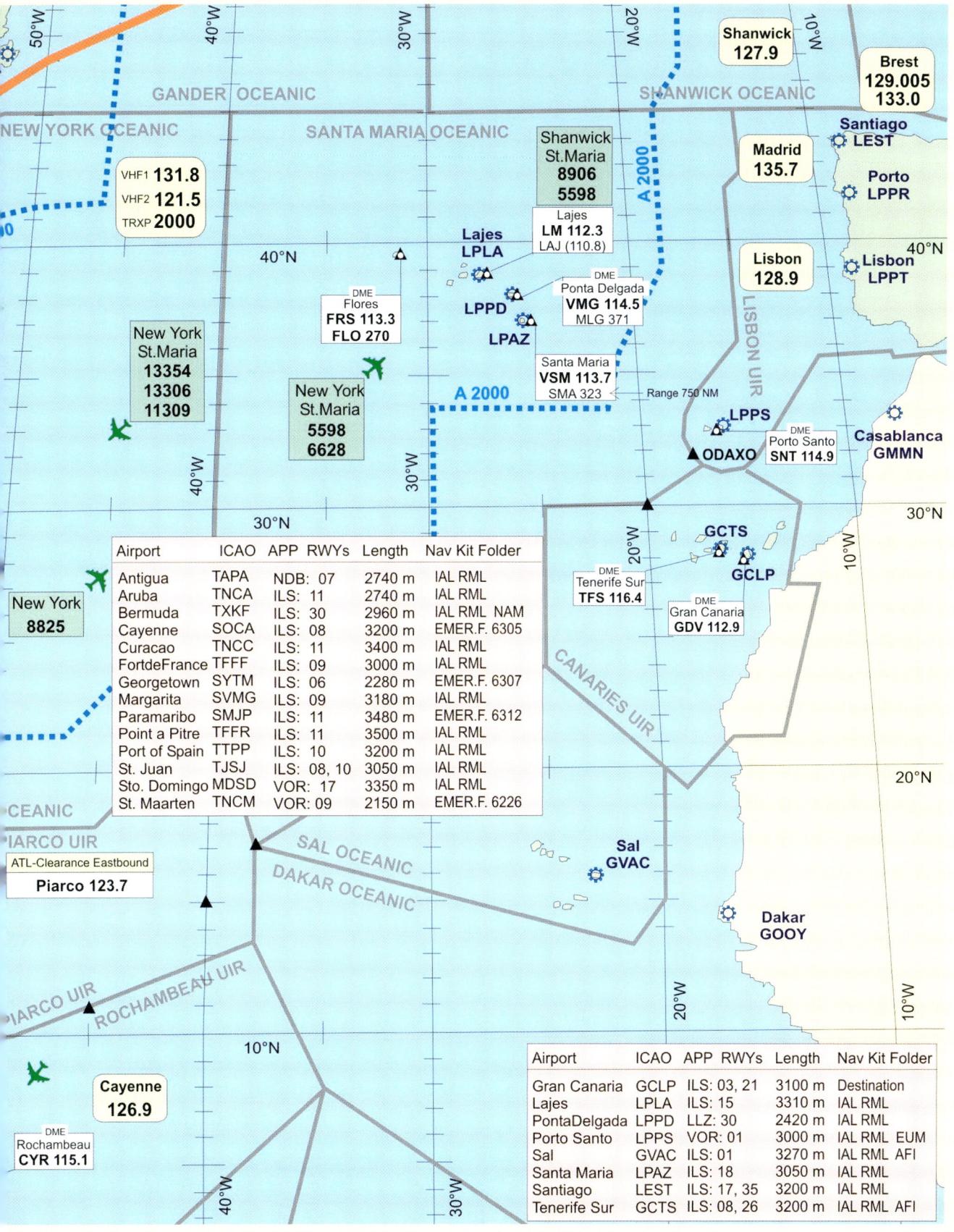

GANDER OCEANIC

NEW YORK OCEANIC

SANTA MARIA OCEANIC

SHANWICK OCEANIC

Shanwick
127.9

Brest
129.005
133.0

Santiago
LEST

Shanwick
St.Maria
8906
5598

Madrid
135.7

Porto
LPPR

VHF1	**131.8**
VHF2	**121.5**
TRXP	**2000**

40°N

Lajes
LM 112.3
LAJ (110.8)

40°N

Lisbon
128.9

Lisbon
LPPT

Lajes
LPLA

DME
Flores
FRS 113.3
FLO 270

LPPD

DME
Ponta Delgada
VMG 114.5
MLG 371

LISBON UIR

LPAZ

New York
St.Maria
13354
13306
11309

New York
St.Maria
5598
6628

A 2000

Santa Maria
VSM 113.7
SMA 323

Range 750 NM

LPPS

DME
Porto Santo
SNT 114.9

Casablanca
GMMN

ODAXO

30°N

30°N

GCTS

DME
Tenerife Sur
TFS 116.4

GCLP

DME
Gran Canaria
GDV 112.9

New York
8825

Airport	ICAO	APP RWYs	Length	Nav Kit Folder
Antigua	TAPA	NDB: 07	2740 m	IAL RML
Aruba	TNCA	ILS: 11	2740 m	IAL RML
Bermuda	TXKF	ILS: 30	2960 m	IAL RML NAM
Cayenne	SOCA	ILS: 08	3200 m	EMER.F. 6305
Curacao	TNCC	ILS: 11	3400 m	IAL RML
FortdeFrance	TFFF	ILS: 09	3000 m	IAL RML
Georgetown	SYTM	ILS: 06	2280 m	EMER.F. 6307
Margarita	SVMG	ILS: 09	3180 m	IAL RML
Paramaribo	SMJP	ILS: 11	3480 m	EMER.F. 6312
Point a Pitre	TFFR	ILS: 11	3500 m	IAL RML
Port of Spain	TTPP	ILS: 10	3200 m	IAL RML
St. Juan	TJSJ	ILS: 08, 10	3050 m	IAL RML
Sto. Domingo	MDSD	VOR: 17	3350 m	IAL RML
St. Maarten	TNCM	VOR: 09	2150 m	EMER.F. 6226

CANARIES UIR

20°N

CEANIC

IARCO UIR

SAL OCEANIC

DAKAR OCEANIC

Sal
GVAC

ATL-Clearance Eastbound
Piarco 123.7

Dakar
GOOY

IARCO UIR

ROCHAMBEAU UIR

10°N

Cayenne
126.9

DME
Rochambeau
CYR 115.1

Airport	ICAO	APP RWYs	Length	Nav Kit Folder
Gran Canaria	GCLP	ILS: 03, 21	3100 m	Destination
Lajes	LPLA	ILS: 15	3310 m	IAL RML
PontaDelgada	LPPD	LLZ: 30	2420 m	IAL RML
Porto Santo	LPPS	VOR: 01	3000 m	IAL RML EUM
Sal	GVAC	ILS: 01	3270 m	IAL RML AFI
Santa Maria	LPAZ	ILS: 18	3050 m	IAL RML
Santiago	LEST	ILS: 17, 35	3200 m	IAL RML
Tenerife Sur	GCTS	ILS: 08, 26	3200 m	IAL RML AFI

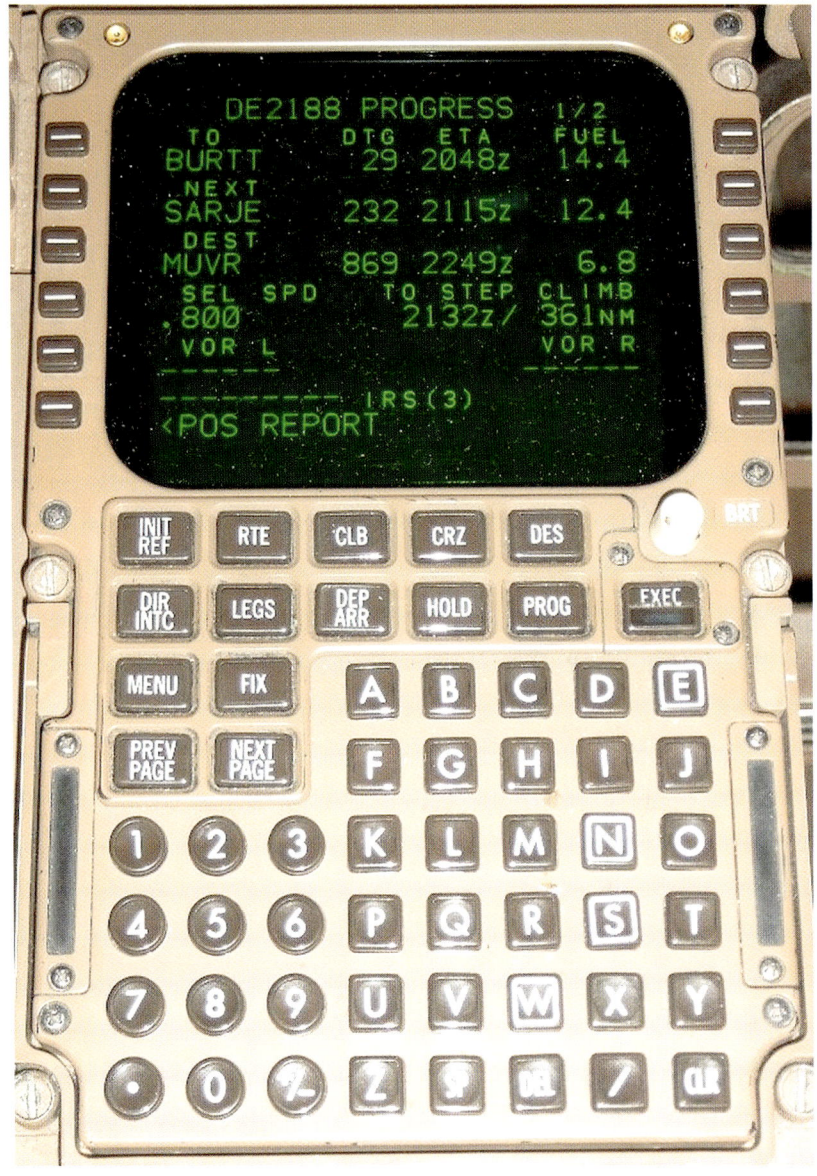

Atlantik wird hier auf feststehenden Routen ein hohes Verkehrsaufkommen abgewickelt. Die RVSM-Regelung zur vertikalen Staffelung von nur 1000 Fuß, die wir bereits kennen gelernt haben, findet wiederum zwischen FL 310-390 Anwendung. Momentan haben wir eine rein rechnerische Gegenwindkomponente von 85 Knoten und erreichen lediglich eine relativ niedrige Ground Speed (Geschwindigkeit über Grund) von 362 Knoten (670 km/h). Dieser Abschnitt über der „Sargasso Sea" zieht sich zudem arg in die Länge. Gedanklich hatte man bereits die eigentliche Atlantiküberquerung hinter sich gebracht, muss aber nun noch knapp drei weitere Stunden übers Meer fliegen.

Zeit für uns, mal darüber nachzudenken, wodurch es überhaupt ermöglicht wird, in dieser großen Höhe und somit doch lebensfeindlichen Atmosphäre eine zwar trockene, aber ansonsten qualitativ hervorragende Luft in der Kabine zu erhalten. Die umgebende Außenluft in rund 12 Kilometern Höhe ist nicht nur staubtrocken wie in der Sahara, sie kommt temperaturmäßig auch gerade mal auf minus 60°C! Ganz schön schattig ... Der Partialdruck des Sauerstoffs macht zudem nur einen Bruchteil des ansonsten gewohnten Drucks aus. Menschen hätten in der Höhe nur ca. 10 Sekunden, um handlungsfähig zu bleiben. Bereits über 5500 Metern Höhe wird ein Aufenthalt ohne zusätzlichen Sauerstoff lebensgefährlich. Wie gelangt nun die Luft aufbereitet in die Kabine? Rund 300° C heiße Luft wird an den Triebwerken abgezweigt, auf 200° C abgekühlt, dekomprimiert und zu den Air Condition Packs im Rumpf weitergeleitet. Diese Kühlaggregate senken die Temperatur weiter deutlich ab, und im Zusammenspiel mit Warmluft – wiederum von den Motoren – wird eine angenehme Raumtemperatur von 20 – 25° Celsius ausbalanciert. Die künstliche Atmosphäre in der Flug-

Detaillierte Infos können, wie hier aus der FMS Progresspage, über die Control Display Unit (CDU) abgefragt werden. Wir befinden uns genau 29 Meilen vor dem Waypoint BURTT, den wir um 20:48Z (GMT) (21:48 dt. Zeit) mit einer noch vorhandenen Treibstoffmenge von 14,4 Tonnen erreichen. Die Berechnungen basieren auf der gewählten Speed von Mach 0,80. Nach momentanem Stand werden bei der Ankunft in Varadero noch 6,8 Tonnen Fuel vorhanden sein. In genau 361 Meilen wäre der geeignete Zeitpunkt, um die nächste Höhe des so genannten STEP CLIMBS zu erreichen.

zur US-Ostküste. Aus diesem Grunde findet der Funkverkehr zum großen Teil wieder auf Kurzwelle statt.

Pilot
„New York, New York, Condor 2188 position."

Lotse
„Condor 2188, go ahead."

Lotse
„Condor 2188 position DANER at 20:10 level 350, we estimate ODEAL at 20:24, BURTT is next."

Wir bewegen uns zur Zeit über der West Atlantic Route System (WATRS-) Region. Immer noch weit über dem

zeugkabine wird durch ein komplexes System auf einer Höhe von etwa 2500 Metern gehalten, was gesundheitlich völlig bedenkenlos ist und die meisten Menschen als angenehm empfinden. Druck und Temperatur sind also geregelt. Wie wird aber nun die immer noch trockene Atemluft ausreichend befeuchtet? Ingenieure haben als Lösung das Recirculation-System entwickelt. Kabinenluft in der Kabine wird dabei nur zu sechzig Prozent durch von außen zugeführte Frischluft erneuert. Die übrigen vierzig Prozent werden gesondert aus der Kabine abgesaugt, vorgefiltert und unmittelbar im Anschluss durch hochmoderne HEPA-Filter (High Efficiency Particulate Airfilter) gereinigt. Die in Atemluft enthaltene Feuchtigkeit findet also ihren Weg in die Flugzeugkabine zurück und erreicht dort wenigstens einen Wert zwischen 20-30 %. Rein rechnerisch findet alle zwei bis drei Minuten ein kompletter Luftaustausch im Flugzeuginneren statt. Das ausgeklügelte Filtersystem schafft es tatsächlich, Staub, Bakterien, Keime und auch flüchtige organische Substanzen (Geruchsstoffe) fast vollständig zu absorbieren. Messungen bei Daimler-Benz Aerospace haben zum Beispiel ergeben, dass die Luftbelastung in einer Flugzeugkabine deutlich

geringer ist als in den meisten Wohn- und auch Geschäftsräumen. Bei einigen Schadstoffen wird sogar der zulässige Grenzwert für sterile Operationssäle unterschritten. Die Klimaanlage in modernen Flugzeugen im Zusammenspiel mit relativ trockener Luft schützt also effektiv vor Ansteckung. Vor dem unmittelbaren – und vor sich dahin hustenden – Sitznachbarn schützt sie allerdings nicht.

Wir befinden uns mittlerweile kurz vor dem Waypoint BURTT auf dem WATRS Airway A699 und somit auf halbem Wege zwischen Florida und den Bermudas. Verbleibende Flugzeit bis Varadero noch ziemlich genau zwei Stunden.

Es wird für Andreas mal wieder Zeit, einen Positionsreport abzugeben.

Pilot
„New York, New York, Condor 2188 position."

Lotse
„Condor 2188, go ahead."

Pilot
„Condor 2188 position BURTT at 20:48 level 350, estimating SARJE at 21:15, MAPYL is next."

Tiefliegende Schönwetterwolken

Genau 12,3 Tonnen Treibstoff stehen noch zur Verfügung. Mehr als genug. Das FMS zeigt der Crew eine verbleibende Treibstoffmenge nach Landung von 6,8 Tonnen an. Das wären 500 kg mehr, als laut OFP (mit 2,9 Tonnen Contingency Fuel) für die Ankunft auf Kuba vorgesehen waren.

Flugweg zwischen den Bermudas und der US-amerikanischen Ostküste.
Do not use for real navigation!

© Lufthansa Systems FlightNav

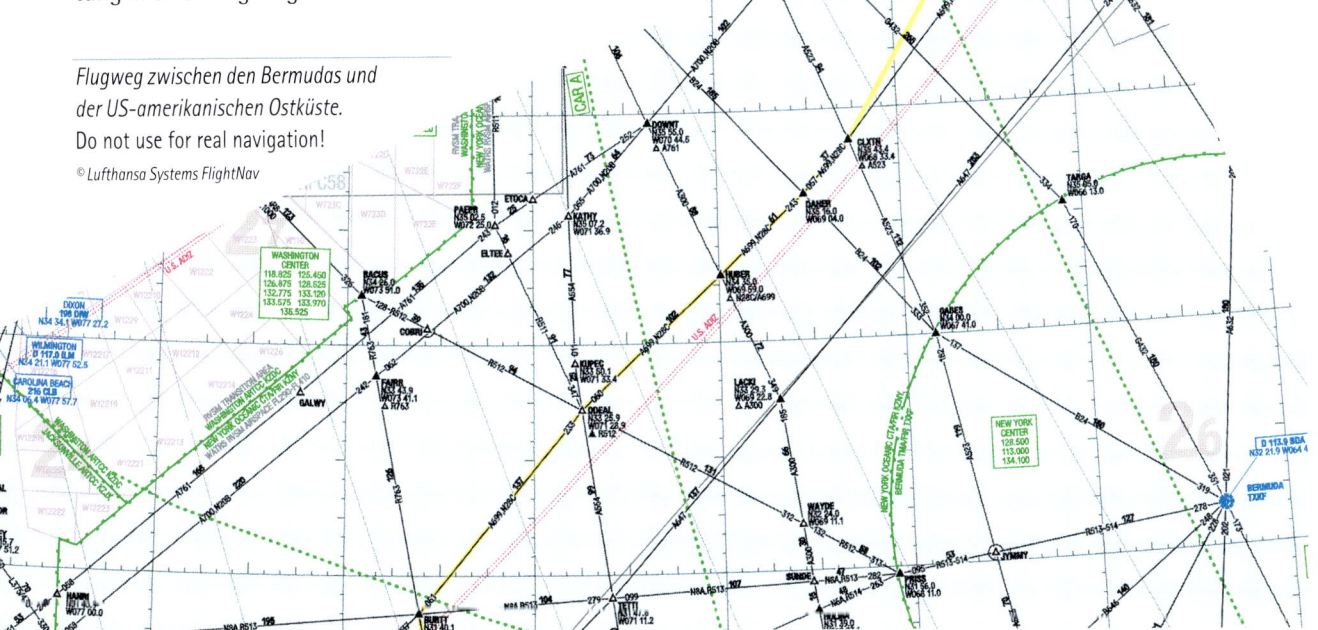

Markus, der Kapitän, ist ein Flieger mit Leib und Seele ...

Gebürtig in Rothenburg ob der Tauber, erwarb Markus bereits mit 14 Jahren den Segelfliegerschein, und fortan ließ ihn der „Flugvirus" nicht mehr los. Die Privatpiloten-Lizenz (PPL) sowie der baldige Fluglehrerschein ließen nach Erreichen des Mindestalters daher nicht lange auf sich warten. CPL- und IFR-Lizenzen für gewerbsmäßige Flüge bzw. Flüge nach Instrumenten sowie die ATPL-Verkehrsflugzeugführerlizenz rundeten endgültig die Ausbildung von Markus ab.

Erster Arbeitgeber war die Augsburger Firma Haindl Papier, wo sich für ihn die Gelegenheit bot, eine Beech King Air 200 für die Geschäftsführung verantwortlich zu steuern. Eine schnelle zweimotorige Turbopropmaschine mit Druckkabine, um auch in großen Höhen fliegen zu können. Pilotenherz, was willst du mehr?

Sein Weg führte ihn weiter zur damaligen Interrot (Vorgänger der heutigen Augsburg Airways, die im Teampartner Verbund der Lufthansa fliegt).
Den dortigen Flugbetrieb mit Beech 1900D hatte er maßgeblich mit aufgebaut und etabliert. Germanwings (nicht zu verwechseln mit der gleichnamigen heutigen Gesellschaft) lautete der nachfolgende Arbeitgeber. Während dieser Phase pilotierte Markus auf Linienflügen mit MD-83 Passagiere innerhalb Deutschlands und Mitteleuropa. Nach der Insolvenz von Germanwings wechselte Markus als „Ready Entry" oder so genannter Quereinsteiger (da er seine Ausbildung extern und nicht in der LH-eigenen Flugschule gemacht hatte) zum Lufthansakonzern und kam 1990 zur CONDOR. Der anfängliche Einsatz erfolgte auf B737, und es wurden überwiegend Urlauber in die Mittelmeer-Regionen ge-

flogen. Bereits zwei Jahre später wurde er Kapitän, um im Weiteren auf den beiden Boeing-Mustern B757 und B767 auf Kurz- und Langstrecke eingesetzt zu werden. Seit nunmehr über fünf Jahren ist Markus als einer der Trainings- und Checkkapitäne für die Kontrolle und den Erhalt der fliegerischen Qualitäten seiner Kollegen im Cockpit zuständig.

Markus fliegt mittlerweile bei Lufthansa als Kapitän auf der A340 Langstreckenflotte ab München. Wenn es demnächst auf einem ihrer Flüge aus dem Cockpit lauten sollte: " Guten Tag meine Damen und Herren, mein Name ist Markus Koch, ich bin der Kapitän ihres Fluges..." dann wissen Sie nun genau um wen es sich da vorne handelt.

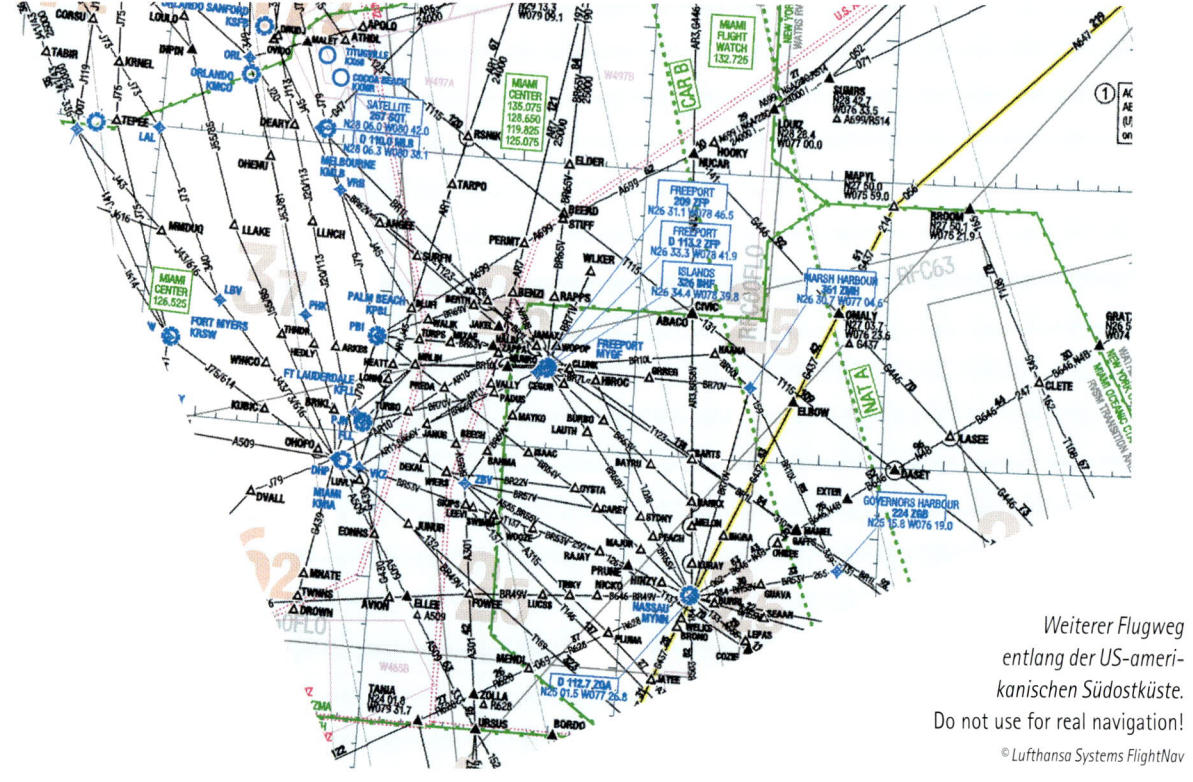

Weiterer Flugweg entlang der US-amerikanischen Südostküste.
Do not use for real navigation!
© Lufthansa Systems FlightNav

Und nun zu unserem Kopiloten …
Der gleiche „Flugvirus" hat Andreas bereits in jungen Jahren befallen …

Aufgewachsen im baden-württembergischen Böblingen, war Andreas (Jahrgang 1975) bereits als kleines Kind von der Fliegerei fasziniert. Seine Großeltern, die mit ihm sehr oft den Stuttgarter Flughafen besucht haben, scheinen wohl nicht ganz unschuldig an diesem Umstand zu sein. Wie auch bei vielen anderen Kindern seines Alters, stand der Entschluss, Pilot werden zu wollen, daher sehr bald fest. Nur mit einem kleinen, aber sehr wichtigen Unterschied … Er hatte es am Ende auch geschafft. Ein entscheidendes Schlüsselerlebnis war 1994 sein bereits erwähnter Cockpitbesuch auf einem Condorflug von Stuttgart nach Fuerteventura. Die Entscheidung war somit gefallen. 1995 besuchte Andreas einen „Tag der offenen Tür" der LH Verkehrsfliegerschule in Bremen, und die dortigen Lufthanseaten konnten ihn schnell in Hinsicht der Ausbildung überzeugen. Und so bewarb er sich 1997, genau ein Jahr nach seinem Abitur, um Flugzeugführer zu werden. Nach bestandenem Auswahlmarathon konnte Andreas seine Pilotenkarriere Anfang 1998 im Lehrgangskurs L 272 der Lufthansa beginnen. Die begehrte ATPL-Lizenz hielt er nur 2 Jahre später im Januar 2000 in den Händen. Welch ein Start ins neue Jahrtausend …

Absolventen der Lufthansa Verkehrsfliegerschule stehen nach erfolgreichem Abschluss auch die Wege zu den Lufthansa Konzern-Töchtern Condor und Condor Berlin offen, und Condor meldete just zu diesem Zeitpunkt einen Pilotenbedarf nach Bremen. Und so nahm Andreas das Angebot gerne an, um im April 2000 sein erstes Type Rating auf der B757 zu beginnen. Das sechswöchige Simulatortraining hierzu führte direkt ins fernöstliche Brunei. Ein Linetraining auf der B757, mit Check-out auf diesem Flugzeugmuster, bildete den vorläufigen Ausbildungsabschluss. Im Januar 2002 erlangte Andreas auch die Musterberechtigung für die B767-300 und kommt seither auf beiden Boeing-Modellen zum Einsatz. Viele Condor-Piloten schätzen dabei in den ersten Jahren nicht nur auf Kurz- und Mittelstrecken zu fliegen, sondern schon sehr bald in den Genuss von Langstreckenflügen mit entsprechenden attraktiven Zielen zu kommen.

Auch Andreas wechselte zu Lufthansa und fliegt nunmehr als Senior First Officer auf der A340 Langstreckenflotte ab München.

Zwischen den jeweiligen Reporting Points bleibt wieder ein wenig Zeit, und so nutze ich die Gelegenheit, unseren Kapitän und unseren Kopiloten etwas näher vorzustellen (siehe Kasten S. 98/99).

Knapp 10 Flugstunden sind vorbei. Für einige Passagiere eine kleine Ewigkeit, andere wiederum sind recht erstaunt, dass die Zeit „wie im Fluge" verstrichen ist. Alternativ hätte eine vergleichsweise ebenso lange Autofahrt als Urlaubsreise keine solchen Annehmlichkeiten zu bieten gehabt wie unser Condor-Flug.

Je näher wir mit Südwestkurs den Tropen kommen, desto interessanter werden die Wolkenkonstellationen. Einzelne hoch aufragende Gewitterwolken (Cumulunimbus), die teil-

weise über unsere Höhe aufsteigen, bieten in Nähe der Bahamas sehr beeindruckende Motive.

Am Waypoint MAPYL verlassen wir den Luftraum und die Zuständigkeit von New York Oceanic und wechseln, nachdem der New Yorker Lotse unseren Flug verabschiedet hat, zu den ATC-Kollegen von Miami Oceanic

Hoch aufragende Gewitterwolken.

Control auf Frequenz 135.075 hinüber. In Floridas Küstennähe wird wieder in VHF-Reichweite geflogen, und somit ist die leidige Kurzwelle endgültig kein Thema mehr.

Pilot
„Miami Center, Condor 2188 heavy, flight level 350, good afternoon."

Lotse
„Condor 2188 heavy is radar identified, good day to you, Sir."

Hier endet wiederum der RVSM-Luftraum, und alle Flugzeuge werden auf Flugflächen der Standard-Halbkreisregel – mit wieder größeren vertikalen Abständen zueinander – eingefädelt. Da Level 350 aber bereits einer der „NON RVSM"-Höhen für Flüge mit westlichem Kurs entspricht, ist für uns momentan kein Wechsel der Flughöhe angesagt. Kurz vor EL-BOW wird nun auch die WATRS-Region verlassen und erneut ein reguläres Luftstraßensystem mit normaler

Radarkontrolle beflogen. Zum Anflug hin nimmt die Arbeitsbelastung im Cockpit wieder deutlich zu. Markus verabschiedet sich vorher noch mit einer detaillierten Passagieransage zum aktuellen Wetter in Varadero, verbleibender Flugzeit sowie dem Dank im Namen der gesamten Crew und Condor bei den heutigen Gästen und übergibt hierzu die Kontrolle und Steuerung der Maschine mit den Worten „You have control" an seinen First Officer.

Kurzes Update aus den Unterlagen.

© Klaus Ecker

Anflug und Landung
Approachbriefing und Ankunft in Varadero

Anschließend suchen unsere beiden Piloten, um sich auch ein wenig frisch zu machen, ein letztes Mal die Toilette auf. Nach dem Verlassen der Reiseflughöhe bleibt für solche nicht unwichtigen Dinge keine Zeit mehr. Alle Wettermeldungen von Zielort und Ausweichflughäfen sind über ACARS eingeholt worden, und so kann man sich bereits Gedanken über den Anflug machen.

Varadero hat eine Runway mit den Anflugrichtungen 06/24. Aufgrund der momentanen Windrichtung aus 070 Grad und der Tatsache, dass wann immer möglich gegen den Wind gelandet wird, ist Runway 06 zu erwarten. Bodenwinde auf den großen Antillen, Kuba, Jamaika sowie der Dominikanischen Republik wehen überwiegend aus östlicher Richtung. Somit ist unser Endanflug Richtung Ost-Nord-Ost mit 60° Grad die in Varadero übliche Variante. Rechts vor unserem Flieger taucht die Bahamas-Insel Abaco auf, und die Piloten „zielen" mit der Flugzeugnase und Steuerkurs 211° genau auf das nur noch 92 Meilen entfernte Nassau. Kurz vor dem JAYEE Waypoint, noch über Andros Island (Bahamas), meldet Andreas unseren Flug bereits bei der kubanischen Luftraumüberwachung in Havanna an. Relikte aus Zeiten des Kalten Krieges prägen immer noch das nicht ganz spannungsfreie Verhältnis zwischen Kuba und seinen Nachbarn aus den USA. So verlassen wir gleich den US ADIZ, um kurz darauf in den KUBA ADIZ einzufliegen. ADIZ steht genau für Air Defense Identification Zone und bedeutet ganz einfach, dass die Luftraumüberwacher aus Havanna und Miami sich gegenseitig sehr genau beäugen, um Flugzeuge ohne einen genehmigten internationalen Flugplan abzuweisen oder diese zum Landen auf Militärplätzen aufzufordern. Unternehmen, die in Florida Kleinflugzeuge an

*Anflug aus Nordosten.
Do not use for real navigation!*
© Lufthansa Systems FlightNav

Anflugbesprechung

Privatpiloten vermieten, weisen öfters darauf hin, dass unter Umständen sogar bei Notlagen eine Landegenehmigung über Kuba verweigert wird. Nach dem 11. September 2001 wird einer ADIZ im nordamerikanischen Luftraum natürlich wieder erhöhte Aufmerksamkeit zuteil.

Pilot
„Havanna radar, buenas noches, Condor 2188 heavy flight level 350."

Lotse
„Condor 2188 heavy, buenas noches senores, squawk 2688 ident."

Das Englisch der kubanischen Fluglotsin ist relativ schwer verständlich, und die Übermittlungsqualität auf der Frequenz ist leider auch nicht viel besser. Ab dem kanadischen Luftraum bis runter nach Kuba konnte mit einem einzigen gleich bleibenden Transponder-Code geflogen werden,

nun aber hat Andreas den neu zugewiesenen Code aktiviert und den Ident Button gedrückt. Somit leuchtet unser Flug mit den für ATC benötigten Daten auf dem Radar der Fluglotsin auf.

Lotse
„Condor 2188, identified on radar, proceed after DINAH direct Varder Uniform Victor Alpha, report when ready for descent."

Pilot
„Condor 2188 muchas gracias senora, turning right now inbound Varder VOR, we are ready for descent any time."

Lotse
„Condor 2188, so descent flight level 70 and change over Havanna on 124.55, adios."

Unser Flugplan sah eigentlich einen etwas längeren Weg über Ciego de

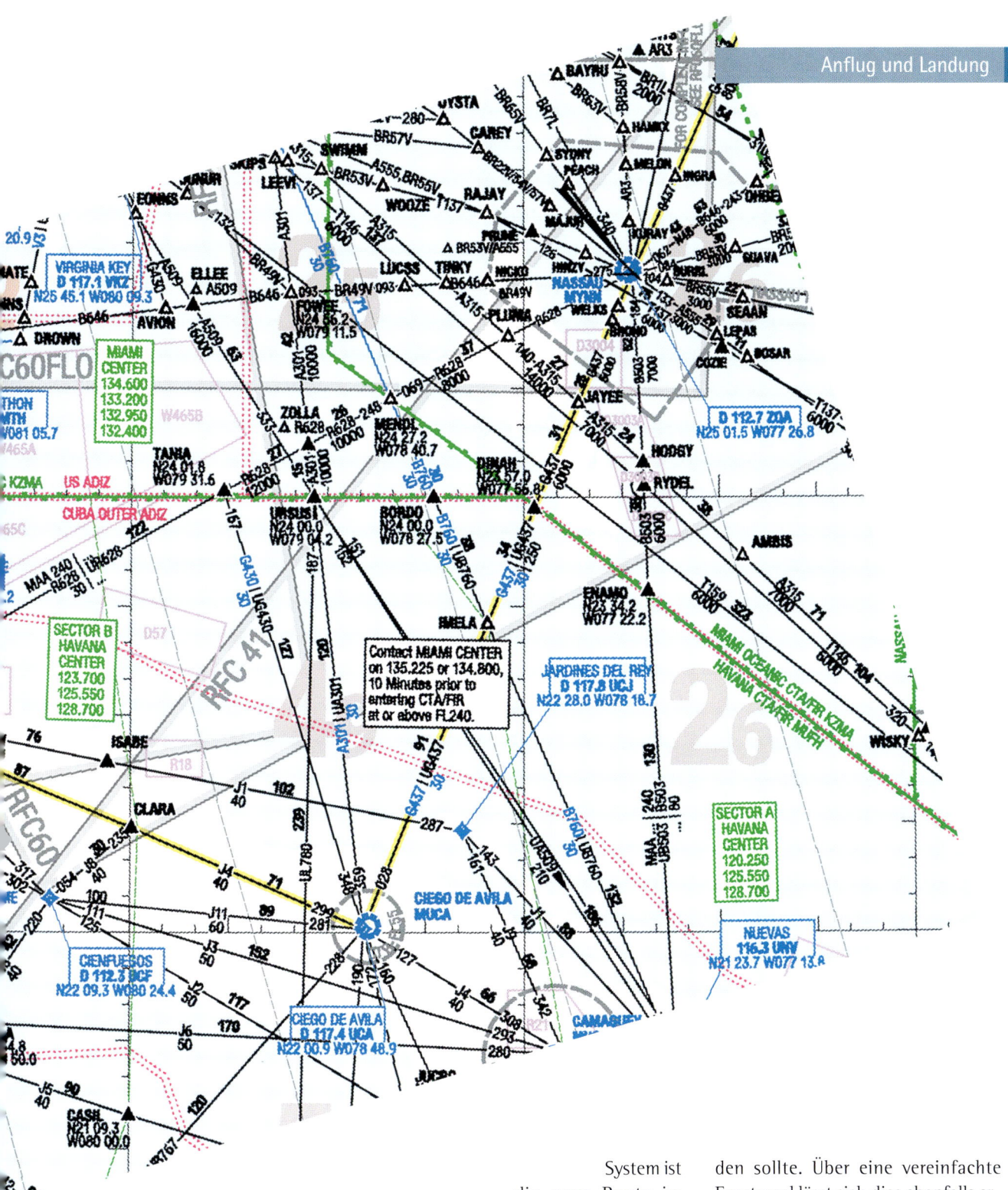

Avila weiter im Süden von Kuba zum Anflug nach Varadero vor, und so nehmen Markus und Andreas das Abkürzungsangebot der kubanischen Dame, mit direktem Kurs zum UVA „Varder" Funkfeuer unmittelbar am Zielflughafen, gerne an. Mit zwei, drei kleinen Abänderungen übers

System ist die neue Route im FMS aktiviert. Prima, da nun auch die Ausläufer eines Jetstreams unterflogen werden. Allerdings ist aufgrund der deutlich verkürzten Wegstrecke bis Varadero eine neue Planung des Sinkfluges notwendig geworden. Die Anschnallzeichen in der Kabine sind aktiviert. Im Display des HSI wird genau der Top of Descent (TOD) definiert, an dem laut FMS die Reiseflughöhe verlassen wer-

den sollte. Über eine vereinfachte Faustregel lässt sich dies ebenfalls ermitteln:

Höhe, die es abzubauen gilt, mal drei durch tausend. Bei einer Flughöhe von FL 350 oder 35000 Fuß minus 3000 Fuß (der Mindesthöhe am UVA-Funkfeuer am Platz) sind es:

32000 x 3 = 96000:1000 = 96 Meilen. Dazu werden meist noch rund 10 NM addiert, so dass ein Sinkflug auf 3000 Fuß rund 106 Meilen vorher erfolgen sollte. Mit Rückenwind würde der

Ein A330 nur 1000 Fuß höher.

© Cpt. J. F. Bobadilla

Sinkflug einige Meilen eher beginnen. Im Idealfall, der leider viel zu selten eintritt, erhält man einen ökonomisch sinnvollen Continues Descent Approach (CDA) ohne jede weitere Unterbrechung durch Zwischenhöhen. Da ATC die Möglichkeit eröffnet hat, bereits 130 Meilen vor Varadero den Sinkflug einzuleiten, wird gleich eine entsprechend geringe Sinkrate gewählt werden. Grundsätzlich ist ein

Flap Speed Schedule B767-300	
Flaps 0	VREF30 + 80 kts
Flaps 1	VREF30 + 60 kts
Flaps 5	VREF30 + 40 kts
Flaps 20	VREF30 + 20 kts
Flaps 30	VREF30

frühes Verlassen der Reiseflughöhe für Passagiere aufgrund einer reduzierten Sinkrate recht angenehm, da das menschliche Ohr mehr Zeit bekommt, sich den veränderten Druckverhältnissen anzupassen.

Auch wird bereits das zu erwartende Landegewicht berechnet. Hierzu wird unser Zero Fuel Weight und der noch vorhandene Treibstoff in die FMS Performance-Seite übertragen. Das daraufhin systemseitig berechnete Gewicht wird manuell an Hand von Tabellen überprüft. Die Anflugkarten hängen bereits an den Clipboards der Crew. Andreas liest die Descent Checklist:

DESCENT
Pass Signs . . . . AUTO, ON
Ldg Elevation . . . . CKD
Speed Bugs . . . . __,__,__/SET
Recall . . . . CKD
Auto Brake . . . . as reqd
NAV AIDS . . . . SET

Markus leitet nun den so genannten Cruise Descent im VNAV-Mode ein. Dieser sehr sanfte Sinkflug mit etwas über 1000 Fuß pro Minute ermöglicht gleich einen smarten Übergang zum eigentlich berechneten VNAV-Pfad (vertikales Profil) des FMS. Um die programmierte Speed halten zu können, erhält der Autopilot durch den FMC den Befehl, die Nase beim Descent entsprechend zu senken. In der Kabine ist derweil die Anschnallansage der Purserette zu hören:
„Meine Damen und Herren, liebe Fluggäste, wir beginnen jetzt unseren Anflug auf Varadero und bitten Sie, sich wieder anzuschnallen, die Tische hochzuklappen und die Rückenlehnen senkrecht zu stellen. Bitte verstauen Sie das Handgepäck wieder ordnungsgemäß und schalten Sie zur Landung alle elektronischen Geräte vollständig aus."

Die Piloten haben bereits im Vorhinein alle relevanten Daten und Infos

sowie die Variante des zu erwartenden Anfluges besprochen. Dabei werden die Arrival Route mit den äußerst wichtigen IFR-Höhen in Hinblick auf Gelände, Highlights aus der IAP Endanflugkarte wie der Final Approach Fix (FAF), die Höhe über dem Outermarker (Haupteinflugzeichen), VOR und DME am Platz und natürlich die minimale Sichtweite erörtert. Ebenfalls sehr wichtig für das eigene Kurzzeitgedächtnis ist, den Missed Approach (Fehlanflugverfahren) zu besprechen und auch Länge, Breite sowie Beschaffenheit der Landebahn in die Überlegungen mit einfließen zu lassen. Andreas bereitet auf Anforderung durch seinen Kapitän den Empfang der entsprechenden Navigationseinrichtungen wie z. B. Anflug Beacon und Localizer vor. Die Piloten setzen auch zur bevorstehenden Landung an ihren analogen Fahrtmessern kleine weiße Speedbugs auf drei wichtige Referenzgeschwindigkeiten von 133, 173 und 213 Knoten. Ermittelt wurden sie ausgehend der heutigen minimalen Geschwindigkeit VREF30 von 133 Knoten, die wir beim erwarteten Gewicht über dem Beginn der Runway unmittelbar vor Touchdown bei vollständig (30 Grad) gefahrenen Klappen haben sollen.

Zur VREF-Geschwindigkeit 80 Knoten hinzu addiert ergibt heute mit 213 Knoten die Minimum Clean Speed, bis zu der ohne ausgefahrene Landeklappen oder Vorflügel geflogen wird. Markus und Andreas verständigen sich darauf, in Varadero einen ILS Raw Data Anflug, also einen Instrumentenanflug ohne Zuhilfenahme des Flight Directors durchzuführen. Außerdem haben sie sich schnell geeinigt, das Instrumentenlandesystem der Runway 06 nur bei Sichtflugbedingungen zu benutzen, da es laut NOTAM nach Modifikationen noch „unter Bewährung" läuft. Dank einer langen Runway von etwas über 3500 Metern wird die Autobrake lediglich auf die unterste Stufe eins, für eine moderate Verzögerung nach dem Aufsetzen, eingestellt.

Unsere Kabinencrew war mit den Vorbereitungen zur Landung ebenfalls gut beschäftigt. Markus wird circa zehn Minuten vor der Landung noch eine Info über die verbleibende Flugzeit an die Purserette geben. Letzte Geschirrteile wurden vollständig abgeräumt und verstaut. Die Blicke der Passagiere am Fenster richten sich erwartungsvoll nach draußen. Nur liegen über dem Meer momentan noch einige aufgelockerte Bewölkungsschichten unter uns und versperren etwas die Sicht auf die „Street of Florida". Andreas im Cockpit hatte sich bereits auf dem neuen Sektor von Havanna ATC gemeldet:

Pilot
„Havanna radar, buenas dias, Condor 2188 heavy passing flight level 270, descending flight level 70 inbound the Varder VOR, requesting latest met report from Varadero, por favor."

Lotse
„Condor 2188 heavy radar contact, descend further down 3000, transition level is 50, and stand by on the weather."

Auch wenn die benötigten Wetterreports bereits eingeholt wurden, möchten die Piloten noch einmal ein örtlich aktuelles Wetter direkt vom Lotsen übermittelt bekommen. Kurz darauf meldet sich Havanna Control wieder:

Lotse
„Condor 2188, your weather at Varadero reads 07012 knots, 9000 scattered 025, 24/14, QNH1023, change now over to Varadero approach on 119.60, adios senor."

Das Wetter am Platz ist soweit in Ordnung. Leicht diesig nach ein paar kurzen Regenschauern bei aufgelockerter Bewölkung mit einer Untergrenze von 2500 Fuß. Die Temperatur beträgt 24°C bei einem Taupunkt von 14°C, und der Wind weht mit 12 Knoten aus Richtung 070° Ost Nordost.

Unsere Geschwindigkeit beträgt zur Zeit 290 Knoten mit einer Sinkrate von 2300 Fuß pro Minute. Nach Erreichen und Einhalten des vom FMS berechneten Anflugprofils wird weiterhin bis zum FAF (Final Approach Fix) im VNAV-Mode geflogen. Somit wird die Geschwindigkeit und Sinkrate weiterhin vom FMC kontrolliert. Beide Höhenmesser werden beim Passieren des Transition Levels 50 vom Standard wieder auf den örtlichen Luftdruck von 1023 Millibar umgestellt.

Andreas hatte, wie angewiesen, den Flug nun bei Varadero Approach auf 119.60 angemeldet und erhält die Antwort:

Lotse
„Condor 2188 heavy, buenas noches, continue on course to Varder, Runway zero six is in use."

Die kubanische Küste mit der dem Fischerort Varadero vorgelagerten Landzunge Hicacos ist bereits gut zu erkennen. Hicacos ist Kubas Badeort Nummer eins. In Sachen Luxus wird hier alles andere auf der Insel in den Schatten gestellt. Nach längerer Zeit des sozialistischen Schlummerns im Volkseigentum beginnt sich die Geschichte noch einmal von vorn aufzurollen. Die einstige Spielwiese von US-Millionären ist zum Lieblingsstrand sonnenhungriger Pauschaltouristen – nicht nur aus Europa – geworden. Eine über 20 km lange Sandbank aus feinkörnigem weißem Korallenstaub, kristallklares Wasser in sonniger Tropenatmosphäre ... Unsere Fluggäste dürfen sich zu Recht auf einen sehr angenehmen Badeurlaub freuen.

Da keine STAR (Arrival Route) für Varadero veröffentlicht ist (sie wurde erst ein paar Wochen später eingeführt), fliegen wir vom Lotsen geführt

Unser Crewhotel im Vorbeiflug.

Faszinierende Gewitterzellen.

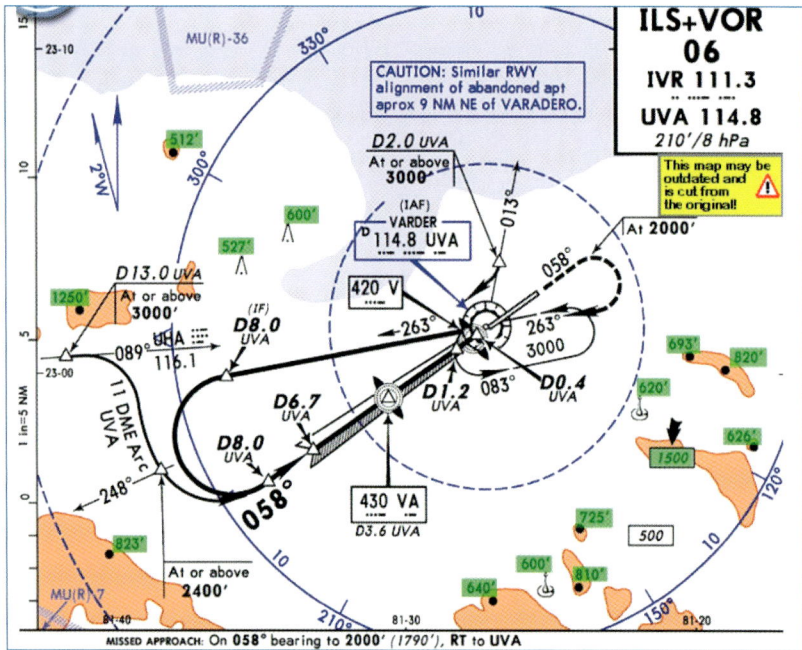

steuern. Aber aufgrund der teilweise diesigen Sicht und tieferen Wolken, mit einem örtlich begrenzten Schauer, fliegen Markus und Andreas das vom Lotsen offerierte veröffentlichte Standardanflugverfahren. Wir entfernen uns also auf dem Outbound Radial 263° wieder in westlicher Richtung vom Flughafen. Auf den acht Meilen vom IAF bis zum Intermediate Fix (IF) (Zwischenanflugpunkt) soll dabei auf 2400 Fuß abgestiegen werden.

LNAV ist deaktiviert, und geflogen wird mittlerweile im Heading Mode. Somit kann der Steuerkurs für den Autopiloten schnell über das MCP Mode Control Panel verändert werden. Auch wird das ILS niemals aus dem vollautomatischen FMS-Modus LNAV angeflogen, da sich eine so genannte Mapshift (optische Flugweganzeige im Display ein paar Grad vom Kurs versetzt) einschleichen könnte. Im Cockpit herrscht jetzt höchste Konzentration. Die Geschwindigkeit ist auf 213 Knoten (Minimum Clean Speed für unser Gewicht) reduziert. Einer Geschwindigkeit, mit der ein Flugzeug noch schnell genug ist, um bei momentanem Gewicht ohne ausgefahrene Auftriebshilfen (Landeklappen) fliegen zu können.

Da tönt es aus den Kopfhörern:
Lotse
„Condor 2188, you are cleared for the ILS approach runway zero six."

2400 Fuß sind erreicht, die Slats (Vorflügel) sind auf Anforderung durch den PF vom PNF auf die erste Stufe eins gefahren worden, und Markus wird gleich am Intermediate Fix die noch rund 125 Tonnen schwere Boeing in eine Linkskurve legen, um tief über den kubanischen Wäldern den

---

das UVA Funkfeuer (direkt am Airport) über der Bucht von Cardenas, also parallel entlang zur Landzunge von Hicacos an. Unser Crewhotel ist dabei im Vorbeiflug gut zu erkennen. Wie von ATC aufgefordert, meldet sich Andreas nun beim Towerlotsen in Varadero mit:

Pilot
„Varadero Tower, Condor 2188 heavy, buenas noches, 10 miles UVA VOR Radial 243."

Lotse
„Condor 2188 heavy roger, continue for ILS approach zero six. Please notify that the ILS system for runway zero six is still in test mode."

Dies ist natürlich ein sehr wichtiger Hinweis für Piloten, die unter Umständen bei ihrem Abflug nur unvollständige NOTAM-Infos erhielten. Die Piloten werden daher gleich das ILS, wie bereits erwartet, argwöhnisch begutachten, ob es auch wieder einwandfrei seine Arbeit verrichtet.

In der Kabine sind auch die letzten Dinge wie Monitore und Babytragetaschen verstaut oder gesichert, und somit fordert unsere Kabinenchefin Marion nun mit der Durchsage „Ca-

bin Crew prepare for Landing" ihre Flugbegleiter auf, Platz zu nehmen. Auch erhält das Cockpit den Hinweis von ihr, dass die Kabine klar zur Landung ist. Ohne Klarmeldung darf nicht gelandet werden. Die Approach Checklist ist an der Reihe:

APPROACH
Altimeters . . . . __,__
NAV AIDS. . . . . IDENT

Nach etwas über 11:20 Std. Flugzeit überquert Condor 2188 exakt den Flughafen Varadero in Gegenrichtung des Endanflugkurses. Das UVA Funkfeuer unter uns dient dabei als so genannter IAF (Initial Approach Fix), und es sollte dort unbedingt die ausgewiesene Höhe von 3000 Fuß eingehalten werden. Ab dem IAF wird ein Base Turn eingeleitet und geflogen. Es gäbe für uns zwei Möglichkeiten, den Airport für einen Endanflug anzusteuern, und unter gleich bleibend guten Sichtflugbedingungen (VMC) hätten wir den Airport nach Absprache mit ATC gar nicht erst überquert, sondern wären parallel zur Runway in eine Platzrunde geflogen, um unseren Endanflugkurs zur Runway 06 im Sichtflug anzu-

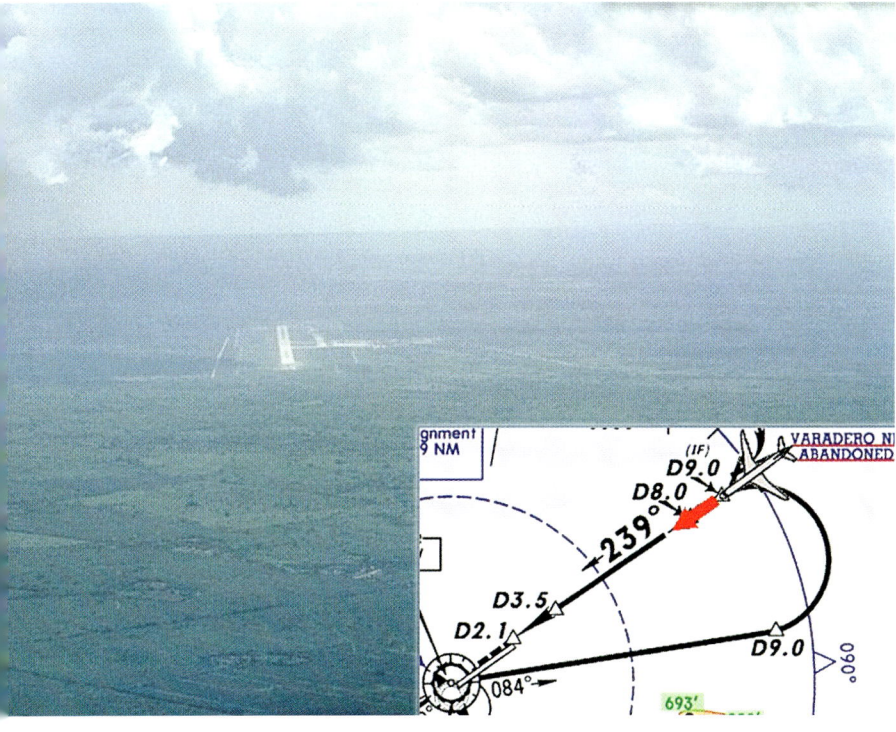

nötigt das Flugzeug mehr Auftrieb, je langsamer es fliegt, und somit entsprechend mehr Tragfläche. Flaps werden in der Praxis jeweils etwas frühzeitiger gesetzt, also noch vor Erreichen der zugehörigen Referenzgeschwindigkeit. Das verhindert ein ansonsten notwendig werdendes Nachschieben der Triebwerksleistung, um die gewählte Zwischengeschwindigkeit halten zu können, und dient einzig und allein dem Passagierkomfort. Ständig aufheulende und wieder leerlaufmäßig verstummende Motoren zeugen daher von einer eher weniger eleganten Art des Anfluges. Natürlich lässt sich dies nicht immer verhindern, da Zwischenhöhen und Geschwindigkeiten auch unter bestimmten Bedingungen etwas länger gehalten werden müssen.

Landekurs der Runway 06 anzusteuern.

Marion macht noch eine Ansage zum Endanflug:
Meine Damen und Herren, liebe Fluggäste. Wir befinden uns jetzt im Endanflug auf Varadero. Zu ihrer eigenen Sicherheit überprüfen Sie bitte noch einmal, ob Ihr Anschnallgurt ordnungsgemäß geschlossen ist, die Rückenlehnen senkrecht gestellt sind und die Tische hoch-

geklappt sind. Ortszeit hier in Varadero ist 17:30 Uhr.

Die Geschwindigkeit ist bereits weiter auf 190 Knoten reduziert, und die Flaps sind direkt auf die zweite Stufe 5 gefahren worden. Somit ist man im Turn etwas langsamer, und der benötigte Radius wird entsprechend geringer. Im Weiteren sind jeweils in 20-Knoten-Schritten die nächsten Flaps zu setzen, also bei 193, 173, 153 etc. Denn wie auch schon beim Start, be-

Markus als PF konzentriert sich nun primär darauf, die Boeing in einen stabilen Endanflug auf das ILS zu führen. Andreas als PNF unterstützt ihn dabei unter anderem mit dem Abgleichen aller Navigationsdaten. Beide Piloten suchen aber auch die optische Referenz des gut sichtbaren Airports in 10 Meilen Entfernung.

Im PFD (Primary Flight Display) unterhalb des künstlichen Horizonts

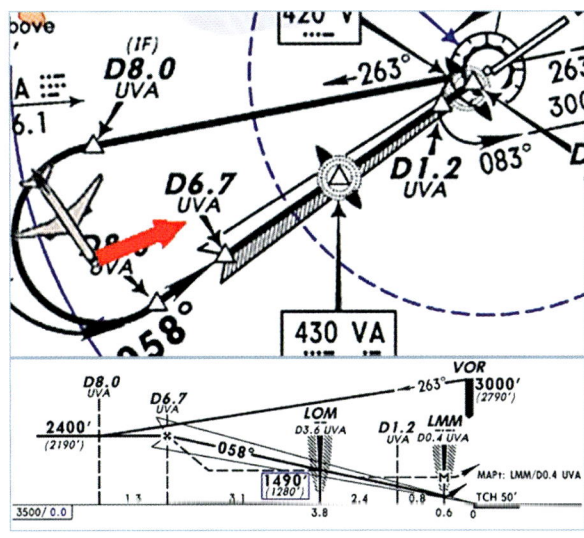

Horizontaler Flugweg

Vertikales Anflugprofil

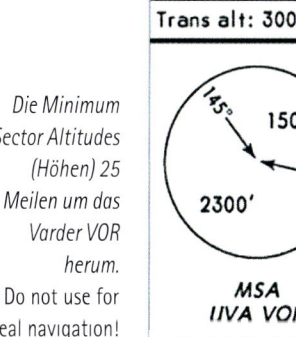

Die Minimum Sector Altitudes (Höhen) 25 Meilen um das Varder VOR herum.
Do not use for real navigation!

Kubas Landschaft bei Varadero. © Patrick Lutz

läuft nun der Localizer (die Verlängerung der Anfluggrundlinie) von rechts in die Mitte, und dabei heißt es „Localizer captured". Etwa 7,5 Meilen sind noch zu fliegen. Die Geschwindigkeit ist auf 173 Knoten reduziert. Steuerkurs 058° Grad. Im PFD ist jetzt

auch zu beobachten, wie die Anzeige des Glideslopes (vertikaler Gleitweg) von oben in die Mitte läuft. Da wir einen Raw Data Approach fliegen, weisen – wie sonst bei einem ILS-Anflug üblich – keine zusätzlichen Ablagebalken des Flight Directors über dem künstlichen Horizont dem Piloten den Weg. Unser Kapitän als Pilot

flying zieht, wie bereits mit seinem Kopiloten vorab besprochen, einen manuellen Anflug vor. Kurz vor dem Eindrehen auf den Endanflugkurs verzichtet er auf die treuen Dienste von Autopilot und Autothrottle und schaltet beide ab. Mit „Gear down" fordert Markus, das Fahrwerk durch den Kopiloten ausfahren zu lassen. Sofort

von 1000 Fuß gewählt. Da meldet sich der Tower:

Lotse

„Condor two one eight eight, wind is 07 with 10 knots, you are cleared to land runway zero six."

Die Landinglights wurden bereits bei FL 100 eingeschaltet. Jetzt, mit dem Erhalt der Landing Clearance, schaltet man auch die Taxilights ein. Möchte man es zur Landung in der Dämmerung noch heller haben, kann das Nosegearlight des ausgefahrenen Bugfahrwerks hinzugeschaltet werden. Das Haupteinflugzeichen OM – der so genannte Outermarker – wird als wichtige Referenz in der genau ausgewiesenen Höhe von 1420 Fuß überflogen. An diesem Punkt erfolgt der Callout durch Andreas: „Final Altitude Check." Beide Piloten starten ihre Stoppuhren, um bei einem plötzlichen Referenz- und/oder Anzeigenverlust im Cockpit den Anflug trotzdem fortsetzen zu können. Auf den Approachcharts ist zur jeweiligen Ground Speed (GS) die genau benötigte Zeit zwischen OM und dem Missed Approach Point (MAP) erfasst. Bei geringer Sichtweite wird dieser

Zeitkontrolle natürlich eine weit größere Bedeutung zuteil.

Die VASI-Lichter neben der Bahn geben den Piloten eine weitere optische Hilfe, ob sie zu tief oder zu hoch anfliegen. Zwei jeweils sichtbare weiße und rote Lampen signalisieren aber, dass Markus die korrekte Höhe hält. Er fordert nun die Final Checklist an.

FINAL CHECKLIST
Speedbrake . . . . ARMED
Landing Gear . . . . 3 GREEN
Flaps. . . . . 30°

Bei allerspätestens 1000 Fuß über der Platzhöhe muss das Flugzeug fix und fertig konfiguriert und in der ausgewiesenen Höhe mit der anvisierten Final Approach Speed unterwegs sein. Bei genau 500 Fuß über der Threshold-Höhe ruft Andreas „Fivehundred", worauf Markus mit „Checked, inside continue" antwortet. Bis zum Outermarker war das Signal des Localizers recht instabil, und die kubanischen Techniker dürfen am ILS wohl noch nachbessern. Andreas vergleicht

Einschwenken auf das ILS.

erhöht sich der Luftwiderstand, was im Cockpit anhand der abnehmenden Fahrt gut zu erkennen ist. Die Geschwindigkeit wird nun weiter reduziert und entsprechend mehr Klappen gesetzt. Die Go-around Altitude von 2000 Fuß für einen eventuellen Missed Approach wird gleich am MCP als Voreinstellung beim Durchfliegen

aus der FMS Progress Page die exakte Crosswind-Komponente mit den Angaben des Towerlotsen. Da der Wind aber immer noch aus 070 Grad von vorne kommt und nur minimal drückt, gibt es dabei keine allzu große Abweichung. Der Windvektor mit Windgeschwindigkeit und Richtung wird zwar gut sichtbar in die Displays projiziert, jedoch rechnet das FMS in der Progresspage direkt die Crosswind-Komponente mit ein. Markus hält mit einem Steuerkurs von 58 Grad die Maschine mit 2 Grad minimal in den Wind. Mehr braucht es nicht. Es wird mit einer Final Approach Speed von VREF30 + 5, also genau 138 Knoten, angeflogen. Je stärker die Windböen, desto größer der Geschwindigkeitszuschlag auf die VREF Speed (5-20 kts). Eine automatische Computerstimme ruft die letzten Höhenmeter (Fuß) aus: „....100...50...40...30...20 ...10." Um 17:39 Uhr Ortszeit überfliegt Condor 2188 den Threshold der Landebahn 06 in Varadero. Markus wird unmittelbar vor dem Aufsetzen leicht in sein linkes Ruderpedal treten, um die Maschine gerade auf der Centerline auszurichten.

„Cleared to land" © Patrick Lutz

Boeing hat der B767 eine Eigenheit zukommen lassen. Die Hauptfahrwerke sind so konstruiert, dass jeweils die beiden vorderen Räder an ihnen tiefer in der Luft hängen. Und somit setzen wir sozusagen zuerst mit dem Ballen und nicht mit der Ferse auf. Wird dabei der Vorhaltewinkel gegen den Wind nicht rechtzeitig korrigiert, und schiebt die Maschine lediglich mit einem Grad gegen den Wind, ist eine etwas unsaubere und somit Reifen belastende Landung zu erwarten. Bei rund 30 Fuß wird „geflared". Das bedeutet, die Triebwerksleistung wird vollständig auf Idle (Leerlauf) zurückgezogen, damit bei abnehmender Fahrt das Flugzeug sich quasi auf die Bahn setzen kann. Die Landung ist nichts anderes als ein präzise kontrollierter Zusammenstoß mit dem Erdboden, und unsere Fahrwerksbeine haben dabei eine sich in Sekunden aufbauende 125 Tonnen schwere Last abzufedern. Den Stoß beim Aufsetzen schwerer Verkehrsflugzeuge fangen Dämpfer ab, in denen Luft, Stickstoff oder Öl zusammengepresst

D-ABUE im Anflug

© Fabricio Jimenez

wird, um die Maschine kurz „in die Knie" gehen zu lassen. Markus hat seinen Flieger im Griff und die Passagiere danken es wieder, indem Applaus in der Kabine aufkommt. Warum eigentlich? Über dieses Beifallsphänomen auf Charterflügen wurde schon recht viel philosophiert. Wie auch immer, es ist nur zu dumm, dass der Beifall durch die neuen Panzertüren des Cockpits gar nicht mehr wahrnehmbar ist.

Bei Touchdown stellen sich die Bremsklappen auf der Oberseite der Tragflächen auf, um den restlichen Auftrieb zu vernichten. Damit diese Automatik auch funktioniert, wurden sie vorher durch die Piloten in die „Armed"-Stellung gebracht. Mit dem Seitenruder steuernd, rollt Markus genau auf der Centerline entlang und öffnet die Reverser. Das bedeutet, die Schubumkehrhebel im Cockpit sind vollständig nach hinten aufgezogen.

Der Schub wird dabei umgelenkt und tritt anstatt nach hinten nun seitlich an den Motoren nach vorne aus. Eine beeindruckend effektive Bremswirkung für die 125 Tonnen schwere Masse. Zusätzlich bremst das Autobrake-System die Räder mit ab.

Andreas überprüft als Pilot non flying anhand der Anzeigen, ob die Speedbrakes, Autobrake und Reverser aktiviert sind. Als er deutlich „Eighty

eine Condor B767 unmittelbar vor dem touchdown © Thomas Schmidt

Touchdown © Thomas Schmidt

Mit aufgestellten Brems- bzw. Störklappen um den restlichen Auftrieb zu nehmen.

knots" ausruft, wird der Reverser in Idle zurückgefahren und bei 60 Knoten dann endgültig geschlossen. Bei langsameren Geschwindigkeiten würde ansonsten der eigene, nach vorne geblasene Dreck der Runway vom Motor wieder angesogen werden. Der Towerlotse schickt uns auf die Position 3:

Lotse
„Condor 2188, taxi via Charly to position three."

Bei einigen Passagieren beginnt unmittelbar nach dem Aufsetzen die „kreative Unruhe". Marion als „Chef de Cabin" bremst ein wenig mit ihrer Verabschiedungsansage:

Meine Damen und Herren, liebe Kinder. Bitte bleiben Sie noch so lange angeschnallt sitzen, bis die Anschnallzeichen ausgeschaltet werden und beachten Sie auch weiterhin das Rauchverbot. Öffnen Sie nachher die Staufächer über ihrem Sitz bitte vorsichtig, damit keine Gegenstände herausfallen können.

Im Namen von Condor möchten wir uns hier in Varadero recht herzlich von Ihnen verabschieden. Wir hoffen, Sie hatten eine angenehme Reise, und bedanken uns, dass Sie mit uns geflogen sind. Wir wünschen nun einen schönen und erholsamen Urlaub. Auf Wiedersehen.

Beim Rollen über den Taxiway wird die APU gestartet, um gleich nach dem Abstellen der Triebwerke auf der Parkposition nicht stromlos zu sein. Denn hier in Varadero ist die bodenseitige Stromversorgung nicht immer sofort gewährleistet. Es wird auch Zeit, die After Landing Items zu bearbeiten und anschließend die zugehörige Checkliste zu lesen, da der Rollweg zur Parkposition 3 auf dem kleinen Airport nun wirklich nicht viel Zeit in Anspruch nimmt.

AFTER LANDING

Exterior Lights............as required
Flight Directors.................OFF
Auto Brakes.....................OFF
Speedbrake...................DOWN
Flaps...................as required
Trim.................2.0,ZERO,ZERO
Radar/XPDR/ILS.............OFF,STBY
APU....................as required

PARKING

Hydraulic Panel.................SET
Fuel Pumps.....................OFF
Anti-Ice........................OFF
Anti-Collision Light..............OFF
Seat Belt Signs.................OFF
Cockpit Door...............UNLOCK
Isolation Sws....................ON
Fuel Control Sws.............CUTOFF
Chocks................IN POSITION
Parking Brake.............RELEASED

Gähnende Leere empfängt uns auf dem Vorfeld des „Juan G. Gomez Intl." Airports von Varadero. Wir sind tatsächlich die einzigen! Eigentlich prima, denn dann werden hoffentlich die immer sehr gründlichen Einreisekontrollen gleich schneller vollzogen sein, und die Gäste schaffen es tatsächlich noch – so wie von Markus nach dem Start avisiert – zur Happyhour ins Hotel ...

Ein Marshaller leitet uns zur Position 3 an die mittlere Fluggastbrücke des Terminals, und hier endet die Reise nach genau 11 Stunden und 35 Minuten.

Aufgrund des teilweise doch recht heftigen Gegenwindes konnte die kleine Abflugverzögerung trotz eines kürzeren Anfluges nicht aufgeholt werden. Eine knappe Viertelstunde fällt aber nicht ins Gewicht, zumal keiner der Fluggäste einen weiterführenden Anschlussflug hat. In Deutschland ist es 23:45 Uhr Ortszeit, wir aber haben um 17:45 Uhr – Local Time – den ganzen Abend noch vor uns. Markus hat die Parkbremse gesetzt und beide Triebwerke abgestellt, Andreas schaltet die Antikollisionslichter aus. Sofort ist auf den Displays zu sehen, wie die Cargodoors durch das Ladepersonal geöffnet werden, um die Koffercontainer entladen zu können. Nachdem einige Bremsklötze vorgelegt wurden, konnte die Parkbremse wieder gelöst werden. Es wartet nun die Parking Checklist darauf, gelesen zu werden:

In der Kabine hatte die Purserette mit „Doors in park and crosscheck, bitte" ihre Kolleginnen zum Umstellen vom automatischen auf manuellen Notrutschenbetrieb der Türen aufgefordert. Denn sollte dies nicht geschehen und beim Öffnen einer Türe die Rutsche automatisch unter hohem Druck abgeschossen werden, besteht für das unvorbereitete Bodenpersonal akute Verletzungsgefahr. Markus und Andreas räumen das Cockpit noch ein wenig auf, damit die nachfolgende Crew ihren Arbeitsplatz später so vorfindet, wie man es selber erwarten würde. Letzte Eintragungen werden vom Kapitän im Technical Logbook vorgenommen, während Andreas

Voll aufgezogene Reverserhebel.

Die allerletzten Meter vor dem Aufsetzen.

Der Marshaller empfängt uns an der Position 3 am Terminal.

bereits die Varadero Charts für den Abflug der Kollegen vorbereitet. Unsere „Uniform Hotel" hat hier auf Kuba ein paar Stunden Aufenthalt und wird als DE 2189 nach München zurückfliegen.

Weil weder der Stationsmechaniker noch die nachfolgende Besatzung zur Stelle sind, bereiten Markus und Andreas das endgültige Abstellen der Maschine vor.

LEAVING AIRPLANE
IRSs	OFF
Emergency Exit Lights	OFF
Cargo Heat	OFF
Window Heat	OFF
Packs	OFF
External / Internal Lights	OFF

„External Power" zur Stromversorgung in der Kabine bleibt angeschaltet.
Das war's ...

Ein langer Arbeitstag neigt sich dem Ende entgegen, und die Besatzung begibt sich zu den Einreisekontrollen in das kleine Terminal. Wer nun glaubt, dass dies für die Crew lediglich eine Minutensache werden wird, irrt! Denn die kubanischen Beamten haben die Ruhe gepachtet, und erst nach einer halben Stunde sitzen wir im Crewbus ... Was machen die bloß, wenn mehrere Maschinen gleichzeitig ankommen? Nunmehr im Dunkeln erreichen wir das Crewhotel, und das berühmte Debriefing ist angesagt. Eine Gelegenheit, nicht nur den Flug

mit seinen eventuell besonderen Vorkommnissen Revue passieren zu lassen, sondern vor allem, um mit der gesamten Crew gemeinsam nach getaner Arbeit entspannt zusammen zu sitzen. Da die Besatzung bei diesem Umlauf selber einige freie Tage auf Kuba verbringen kann und nicht am nächsten Tag bereits wieder zurückfliegen muss, ist es kein Problem, dabei ein Bier zu genießen. Mit dieser Thematik wird verständlicherweise aber stets äußerst diszipliniert umgegangen.

Unsere heutige Condor-Besatzung hat wieder sehr erfolgreich einen Langstreckenflug, vor allem unter dem Aspekt von Sicherheit, Betriebswirtschaftlichkeit und des Passagierkomforts durchgeführt. Nach ein paar hoffentlich sonnigen Tagen auf Cuba fliegt sie „on duty" auf dem Nachtflug Condor DE 5189 nach Frankfurt zurück. Langeweile? Eigentlich nie, denn keine Reise ist wie die andere. Mit Sicherheit ein Traumjob ...

Willkommen am Juan G. Gomez Airport.

Wir spiegeln uns in der Glasfassade.

Airport Varadero.
Do not use for real navigation!
© Lufthansa Systems FlightNav

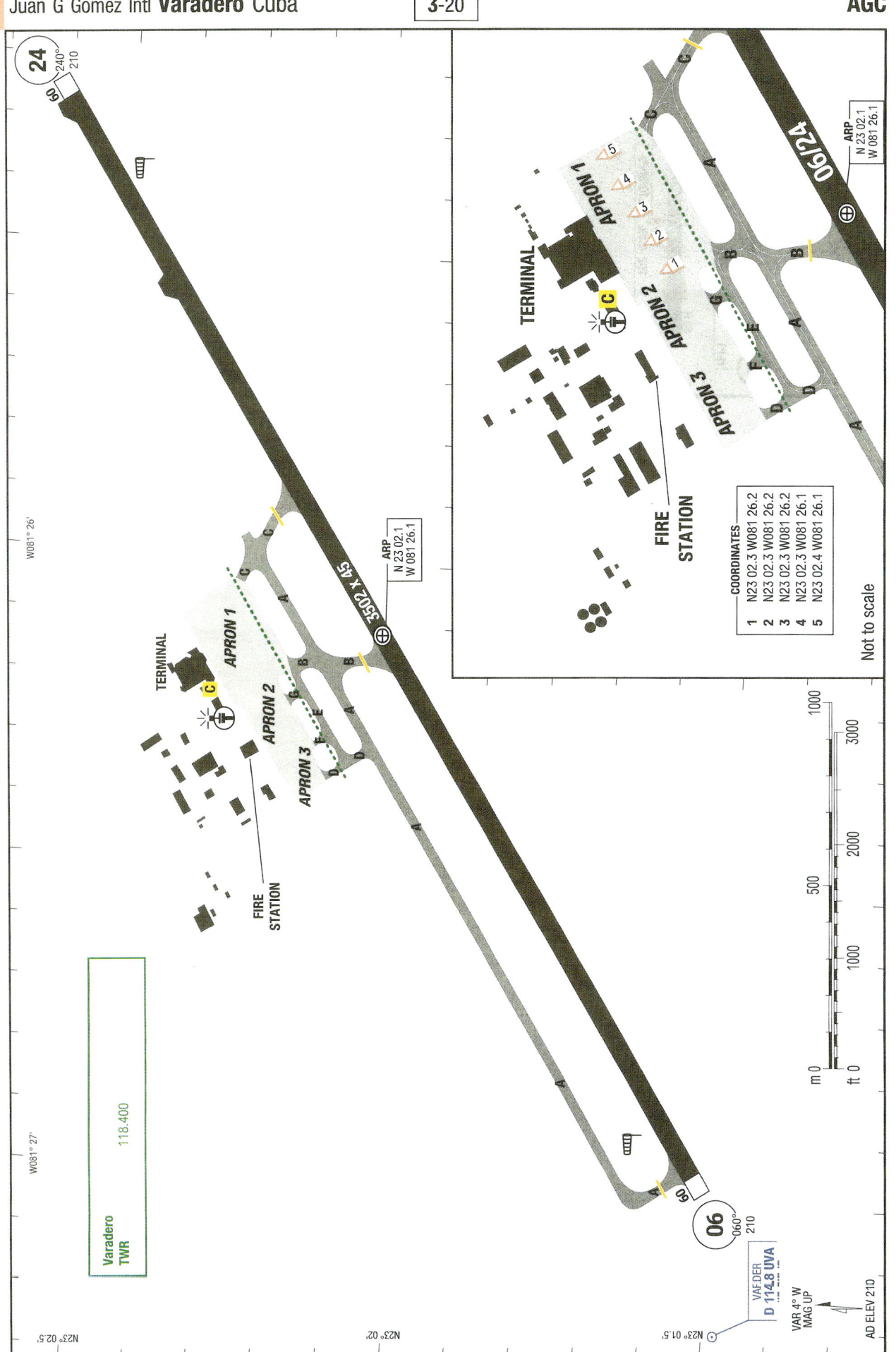

COORDINATES

1	N23 02.3 W081 26.2
2	N23 02.3 W081 26.2
3	N23 02.3 W081 26.2
4	N23 02.3 W081 26.1
5	N23 02.4 W081 26.1

Not to scale

ARP
N 23 02.1
W 081 26.1

ARP
N 23 02.1
W 081 26.1

3502 x 45

06/24

TERMINAL

APRON 1

APRON 2

APRON 3

FIRE
STATION

Varadero
TWR

118.400

VAR/DER
D 114.8 UVA

VAR 4° W
MAG UP

AD ELEV 210

06 060°
210

24 240°
210

Changes: New

Sheet 13182

© Condor/Thomas Cook

Und, Lust auf Urlaub bekommen?

Training im Simulator
Fliegen ohne abzuheben …

Standardverfahren im Cockpit laufen routiniert ab. Das ist erwünscht und auch gut so. Routine aber wird nur bis zu einer gewissen Grenze im Cockpit akzeptiert. Es sollte die notwendige innerliche Spannung erhalten werden, um ein plötzlich auftretendes Problemszenario in der notwendigen Übersicht und Ruhe abhandeln zu können. Um solche Fähigkeiten nicht verkümmern zu lassen, bereiten Piloten sich für extremste Situationen praktisch und mental vor. Es steht unter anderem ein mehrmaliges „Trockentraining" pro Jahr auf dem Programm.

Schau'n wir dort doch einfach mal zu: Die B767-300 der Condor ist soeben in Paderborn Lippstadt gestartet. Unmittelbar nach dem Abheben bekommt die Crew einen Systemhinweis, dass die Aft Cargo Door offen ist. Kapitän Nikolaus Hertnagel und sein Kopilot Frank Fergen informieren den Fluglotsen, dass sie deshalb nicht höher als 5000 Fuß steigen und wieder zum Ausgangsort zurückkommen werden. Zu diesem Zweck wird die noch 132 Tonnen schwere Boeing in eine „Visual Pattern"-Platzrunde zur Runway 24 gebracht. Die einzige Start- und Landebahn in Paderborn ist lediglich 2180 Meter lang, und dummerweise herrscht gerade ein ungemütlich herbstliches Schmuddelwetter am Platz. Die Wettermeldung lässt tatsächlich nichts Gutes vermuten, denn „Recent Rain" bedeutet, dass die kurze Runway auch noch nass ist. Zu allem Überfluss bläst der heftige Sturm aus Richtung 330° mit 25 Knoten und in Böen bis 30 Knoten. Der Wind kommt also mit 90°

von rechts, exakt von der Seite. Somit operiert der Flug unter den genannten Umständen sehr nahe am Limit. Zufall? Mitnichten! Hinter den beiden Piloten sitzt nämlich ein weiterer Kapitän der Condor. Es ist Markus Koch, der heute wieder seiner Zusatztätigkeit als Check- und auch Trainingskapitän der Airline gerecht wird. Wir befinden uns auch nicht in der Luft, sondern sitzen fest verankert im Condor B767-300 Level-D Fullflight Simulator der Lufthansa Flight Training (LFT) am Frankfurter Flughafen. Seelenruhig beobachtet Markus von seinem Instructor Seat, wie die beiden erfahrenen Piloten den stürmischen Anflug gemeinsam planen und durchführen. Das Flugzeug „crabbt" im Endanflug ordentlich gegen den Wind und die Runway ist für den Kapitän daher bald besser durch das Seitenfenster als durch die Frontscheibe zu sehen. Weil die Sichtverhältnisse sehr gut sind, wird kein automatischer ILS-Anflug, sondern ein Visual Approach geflogen. Etwas härter als normal, aber präzise in der Touchdown-Zone setzt der Flieger wieder auf, um keinen Meter zu verschenken. Markus ist mit Anflug und Landung sehr zufrieden und stoppt den Simulator beim Ausrollen noch auf der Runway. Dabei bittet er kurz die Augen zu schließen, da es ansonsten ein paar Sekunden dauert, bis unser Körper begriffen hat, dass er soeben sehr erfolgreich getäuscht wurde. Getäuscht von einem genialen und immerhin 18 Millionen Euro teuren Hightech-Gerät der britischen Herstellerfirma TTS Thomson Training & Simulation.

Diese „weiße Kiste auf drei Beinen" fasziniert Laien, aber auch Profis – die tagtäglich mit ihr zu tun haben – gleichermaßen. Condor genießt seit 2001 das Privileg des zur Zeit nicht nur modernsten Simulators überhaupt, sondern erfreut sich seit Mai 2003 auch eines weiteren Features. Der nagelneue, äußerst leistungsfähige und super hoch auflösende 180° Grad Bildgenerator EP-1000CT der

Firma E&S Evans & Sutherland wurde vom LBA abgenommen und für Level D zugelassen. Ein enormer Quantensprung bei Sichtsystemen. So richtig mieses Wetter ist neuerdings ein optischer Leckerbissen geworden. Realistisch anmutende Bedingungen wie Regen, Hagel, Schnee, Eis, Bodennebel, Gewitter oder Sandsturm. Alles kein Problem mehr. Und das Ganze bei wechselnden Tageszeiten,

und somit bei unterschiedlichsten Lichtverhältnissen. Waren früher lediglich ca. 40 Meilen rund um die Flughäfen topographisch abgebildet, ist jetzt quasi die ganze Welt im Kasten. Basis für diese sehr hohe Qualität sind unzählige Luftaufnahmen und Satellitenfotos. Ein Blick durch die Cockpitfenster zeigt eine perspektivische 180-Grad-Ansicht auf die umgebenden Städte, Landschaften und

B767-300 Fullflight Simulator. © LFT

Verkehrsteilnehmer. Besonderer Wert wurde aber auf die über 100 bis ins Detail täuschend echt nachgebildeten Flughäfen mit Start- und Landebahnen, inklusive sämtlicher Befeuerungen, Markierungen, Rollwege, Gebäude sowie Fahrzeuge und auch Flugzeuge gelegt. Wie von erfahre-

Im B767-Simulator © Ingrid Friedl

nen Trainingskapitänen bestätigt, die besten Voraussetzungen, um sich mit vorher noch nicht angesteuerten Flughäfen vertraut zu machen. So gehören zusätzlich zur umfangreichen Datenbank gängiger Airports aus dem Condor Flugplan noch andere schwierig anzufliegende Pisten wie z.B. Addis Abeba, Quito und Innsbruck. Natürlich existiert auch noch das damalige fliegerische Sahnehäubchen, der leider geschlossene „Kai-Tak" Airport Hongkong, in der Datenbank. Die in der Vergangenheit etwas schlicht gehaltenen Flughäfen können nun optisch mit der qualitativ besten PC-Software wie „German Airports" für „Heim"-Piloten mithalten und sie in einigen Punkten natürlich auch übertreffen. Sie staunen,

dass dies nicht schon immer der Fall war? Es hat wohl mehrere Gründe. Zum einen ist den wenigsten die sehr hohe Qualität der PC-Software bekannt (obwohl kein vergleichbares 180°-Kino-Erlebnis geboten werden kann), zum anderen liegt es an völlig unterschiedlichen Software-Anforderungen, und nicht zuletzt auch an völlig unterschiedlichen Notwendigkeiten und Bedürfnissen.

Wenn es sich nicht gerade um eine Airport-Einweisung handelt, spielt eine gute Sicht im realen Simulator eine eher untergeordnete Rolle, und eine der ersten Amtshandlungen von Checkern im Simulator ist die künstliche Verschlechterung von Wetter und Sichtweiten. Die exakte Gelände-

form und die präzise Lage der Berge – also die Topographie in Airportnähe – genießt natürlich einen sehr hohen Stellenwert. Die extreme Realitätsnähe der Simulationen ist das Ergebnis einer komplexen Ingenieursleistung. Vier aufwändige Systeme müssen zusammenarbeiten, um ein Abbild der realen Welt entstehen zu lassen: das Bewegungssystem, das Sichtsystem, das Soundsystem und die originalgetreue Ausstattung, also die Instrumente und Systeme im Cockpit.

Damit die Zusammenarbeit perfekt funktioniert, koordiniert eine zentrale Recheneinheit (der Host-Computer) das wichtige Zusammenspiel aller einzelnen Systeme. Schränke voller Spezialcomputer mit RISK-Prozessoren, sind jeweils einem Simulator zugeordnet. Ein moderner Fullflight-Simulator ist also kein verkleinertes Flugzeug, es fliegen vielmehr die Piloten ein rein mathematisches Modell, das sich in einer mathematisch dargestellten Umwelt bewegt. Allerdings ist diese künstliche Welt kaum wahrnehmbar. Die Instrumente reagieren genauso wie in der Wirklichkeit. Man hört das Geräusch der Triebwerke, sieht, wie die Maschine auf der Rollbahn immer schneller wird, und spürt auch die Beschleunigung samt Erschütterungen und Vibrationen. Alles wie im echten Jet.

Aber wie täuscht man die Sinne so effektiv? Wie wird denn beim Start der Mensch in den Sitz gepresst? Und wie spürt er die Bremsverzögerung?

Der Simulator steht auf drei hydraulischen Säulen, die den Simulatoraufbau kardanisch (achsenunabhängig) im Raum bewegen. Das Prinzip der Bewegungssimulation besteht in der Erzeugung einer kurzzeitigen Beschleunigung – etwa in seitlicher Richtung bei plötzlichem Ausfall eines Triebwerks. Da die Hydraulikzylinder nur einen limitierten Hub haben, muss diese Bewegung aber

schnell wieder angehalten werden, ohne dass ein Stoß in Gegenrichtung, wie etwa bei plötzlichem Erreichen des Anschlags, spürbar wird. Die Bewegung muss sozusagen unbemerkt zum Stillstand kommen. Um dann Hub für den nächsten Beschleunigungsimpuls zu erhalten, müssen die Zylinder zuvor wieder in Neutrallage zurückgeführt werden, ohne dass dies im Simulator wahrnehmbar ist. Länger anhaltende Beschleunigungen oder ein Verzögern, wie beim Start oder Abbremsen nach der Landung, werden durch extremes Anstellen oder Neigen des Simulators nachgeahmt. Dabei wirkt die Schwerkraft auf die Crews so ein, dass sie die Bewegung als Beschleunigung oder Verzögern empfinden, denn das Visual System suggeriert in dem Moment eine gegenteilige, also eine gerade verlaufende horizontale Bewegung. Die Effektivität des Simulatortrainings hängt entscheidend von der Realitätsnähe der Simulation ab. Daher gehört zu einem echten Flug-Feeling das Hören aller Flugzeuggeräusche und seiner Umgebung dazu. Ein wirklicher Ohrenschmaus dieses Soundsystem ... Die Piloten erhalten wie im realen Flugbetrieb ein akustisches Feedback zu jeder ihrer Handlungen. Signaltöne der Instrumente sind genauso wahrzunehmen wie Ge-

Blick auf eine virtuelle Umwelt.

© Evans & Sutherland

räusche beim Betätigen der Ruder, beim Motorausfall oder beim Aufsetzen auf der Landebahn. Sogar der Funkverkehr könnte anhand von Originalaufzeichnungen nachgebildet werden. Der imaginäre Lotse aber, der der Crew als Ansprechpartner dient, wird in aller Regel durch den Checkkapitän simuliert.

Fullflight-Simulatoren sind heutzutage unverzichtbare Begleiter jeder Berufspilotenlaufbahn geworden. Dank modernster Computertechnologie wird ein Höchstmaß an Realismus geboten. Sie werden nicht nur zum Erlangen der jeweiligen Type Ratings eingesetzt, sondern dienen vor allem dem Erhalt fliegerischer Qualitäten von Flugzeugführern. Bis zu 400

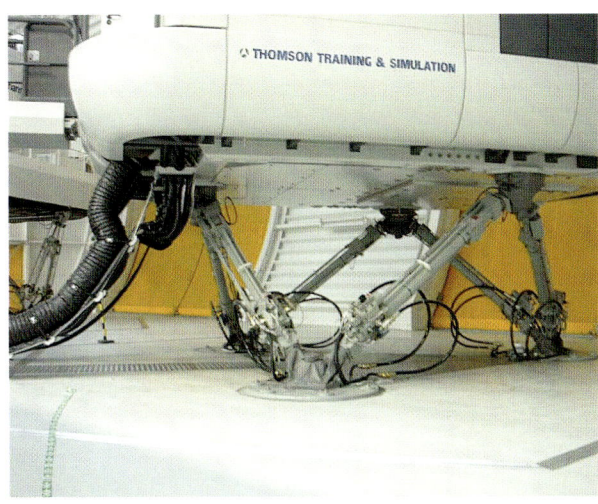

Bewegungssystem des Simulators.

Platinenwechsel an einem Steuerungscomputer eines Simulators. ® LFT

denkbare Unregelmäßigkeiten und Ausfälle in Kombination aller möglichen Wetterszenarien sind äußerst realistisch zu trainieren. Im praktischen Flugbetrieb selbst wären diese Manöver keinesfalls zu verantworten, da sie Leib und Leben der Crews und auch der Bevölkerung in Gefahr bringen könnten. Der Computer indes baut eine Welt, die herausfordernder und schwieriger ist als die Wirklichkeit. Notlagen können wieder und wieder geübt werden, um primär die Sicherheit im „realen Leben" zu erhöhen. Letztendlich ist ein Simulator auch ökologisch und ökonomisch sinnvoll, wenn man sich vor Augen führt, dass Lufthansa bereits im Jahr 1998 114.000 „Flugstunden am Boden" verzeichnen konnte und somit immerhin 490.000 Tonnen Kerosin eingespart hat!

Eine ganze Armada an LFT-Ingenieuren und -Technikern ist für die Instandhaltung der eigenen Simulatoren zuständig. Von 100 geplanten Simulator Sessions können 99 uneingeschränkt stattfinden. Eine stolze Zahl. Wie im richtigen Flieger wird auch hier ein Technical Log Book

(TLB) zum Erfassen kleinerer und eventuell auch größerer Soft- oder Hardware-Probleme geführt. Simulatorleiter haben allesamt den fliegerischen Grundkurs der Lufthansa-Pilotenausbildung absolviert, um den Simulator beim Aufspüren und Einkreisen fehlerhafter Systeme nicht nur bedienen, sondern auch selber fliegen zu können.

Begeistert erzählt einer dieser hoch qualifizierten Spezialisten, wie er zusammen mit Airbus-Testpiloten während eines realen Abnahmefluges im Cockpit eines Airbus A310 über den französischen Pyrenäen einen bewusst provozierten Strömungsabriss erleben konnte. Die Datenkanäle der Maschine wurden dabei „angezapft". Mit diesem technischen Trick konnte die heimische A310-Simulatorflotte endlich in die Lage gebracht werden, diesen Deep Stall – einen wirklich kritischen Flugzustand – realistisch im Simulator zu reproduzieren. Die Simulatorschicht, an der ich heute teilnehme, beginnt um 10:00 Uhr vormittags im Condor B767 Vorbereitungsraum. Im Simulator treten ausschließlich nur komplette Crews an,

also Kapitän und Kopilot. Markus bespricht mit beiden Piloten zuerst den Tagesablauf.

Kapitän Nikolaus Hertnagel, ebenfalls Check- und auch Trainingskapitän, sowie Frank Fergen sind lediglich für einen Refresher vorgesehen. Viermal pro Jahr müssen Lufthansa- und Condor-Piloten ihre Fähigkeiten im Fullflight-Simulator erneut unter Beweis stellen. Zweimal als Refresher, in dem die Crew auch eigene Wünsche zum Üben äußern kann. Zweimal ist es aber ein alles entscheidender Check, von dem im Extremfall die weitere Laufbahn abhängt. Checkkapitäne agieren mit ihren Aufgabenstellungen dabei nicht völlig willkürlich, sondern sind angehalten, immer einige Pflichtpunkte des Luftfahrtbundesamtes LBA sowie Condor Company Anforderungen der eigenen Flottenführung mit zu berücksichtigen. Markus möchte passend zur Jahreszeit (Oktober) während des Refreshers wieder auf die Herbstsituation mit entsprechend starken Winden hinarbeiten. Überdies plant er, mit einer schweren Maschine einen Engine Stall (Motor-Aussetzer, da

Vorbereitende Besprechung.

Auf geht's, Kollegen ...

kein korrektes Luft-Treibstoff-Gemisch in die Brennkammer gelangt) kurz nach einem Takeoff durchzuführen. Denn genau das ist einer Condor-Besatzung unmittelbar nach dem Start im kubanischen Varadero vor einigen Monaten auch passiert. Sie stellten nach erstem Schreck erfolgreich mit dem dafür vorgesehenen „Abnormal Procedure" das betreffende Triebwerk ab und kehrten problemlos um. Die dabei gewonnenen Erkenntnisse können nun besser in die Simulator Missions mit einfließen.

Moderne Simulatoren sind aufgrund ihrer hohen Anschaffungs- und auch Unterhaltskosten zumindest tagsüber permanent in Betrieb. Da sich nur einige wenige größere Fluglinien eigene Simulatoren leisten können, sind Fremdkunden, also Piloten anderer Airlines, nicht nur sehr willkommen, sondern auch Voraussetzung, die Hightech-Geräte wirtschaftlich betreiben zu können.

Vor uns ist heute noch eine Crew der russischen Aeroflot zu Gange. Man wird sich daher gleich die Klinke praktisch in die Hand geben. Bevor es nun

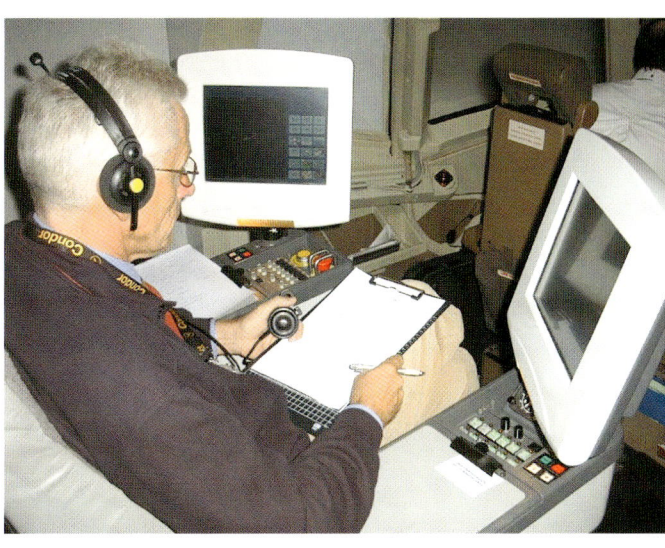

Markus im Instructor Seat.

für vier Stunden (mit kurzer Unterbrechung) in die Mission geht, genießen wir noch im angrenzenden LFT-Casino einen Cappuccino. Was unseren Simulator dann anschließend in nur einer Session erwartet, wird einem Flugzeug – Gott sei Dank – in seiner gesamten Lebenszeit nicht widerfahren. Mehrmals wurde ein Motor nach Feuer oder Defekt abgestellt, und es wurde entsprechend mit nur einem Triebwerk weitergeflogen und gelandet. Das Ganze mit widrigsten Wetterbedingungen und Low

Visibility Anflügen. Die Mehrfachbelastbarkeit der Piloten, wenn sich gleich mehrere Fehler und eben widrige Umstände zu einer Notsituation verketten – frei nach dem Motto „Erstens kommt es anders und zweitens als man denkt"–, ist äußerst bewundernswert. Sich nicht nur auf ein Problem zu fokussieren und den berühmten Tunnelblick dabei zu verhindern, lautet die Devise. Hierbei zeigt es sich auch, ob der Kandidat sich auf die Mission gut vorbereitet hat. Ob er also mit allen Memory

Realistisch bis ins kleinste Detail.

Kurze Besprechung.

Simulierte Ohnmacht.   *Ein zufriedener Checkkapitän ...*

Actions, die sofort ohne Zeitverzöge-rung mental abrufbar sein müssen, sowie auch praktischen Verfahren und Abläufen vertraut ist und dabei auch noch als ein guter Teamplayer agiert. Die Piloten haben gemeinsam nach definierten und einstudierten Abnormal- und Emergency-Verfah-ren sämtliche auftretenden Probleme und Schwierigkeiten gemeinsam er-örtert, abgewogen und gelöst. Ein-zelkämpfer sind hier nicht gefragt. Bis auf eine Ausnahme! Markus hatte mit Kapitän Hertnagel vorher heimlich besprochen, dass er bitte an einem bestimmten Punkt einen Herzanfall simulieren soll. Gesagt, getan ...

Der Kapitän lehnte sich grinsend für ein „kleines Nickerchen" zurück und plötzlich war unser Kopilot „alleine" im Cockpit. Selbstverständlich spielte auch noch das ein oder andere Sys-tem verrückt, und die extremen Windbedingungen hatten sich auch noch nicht verbessert. Die Belastung für Frank Fergen stieg sprunghaft an, aber mit konzentrierter Ruhe setzte er einen Notruf an ATC ab, informierte die Kabinencrew, dass unverzüglich wieder gelandet wird und leitete den Anflug (dieses Mal auf Frankfurt) ein. Dabei las er laut – wie bei einem ganz normalen Approach – für sich selbst

die jeweiligen Checklisten. Auch wur-de der Towerlotse von ihm über seine Absicht informiert, nur kurz über den ersten möglichen Abrollweg von der Bahn zu rollen und stehen zu bleiben. Somit könne der Notarzt sofort an Bord gelangen. Die Landung war er-staunlich weich, die Verzögerung aufgrund der hohen Autobrake-Stufe 3 aber sehr deutlich. Nur keine Zeit verlieren! F/O Fergen hatte bewiesen, dass er alleine den vollständigen Überblick bewahrt hatte, um den Flug zu einem glücklichen Ende zu führen. Im anschließenden Debriefing konnte Markus Koch den beiden Pilo-ten ausnahmslos eine sehr gute Leis-tung attestieren. Kleine Hinweise, oder auch hin und wieder eine leich-te Manöverkritik, wurden von ihm unmittelbar im Anschluss der jeweili-gen Situation geäußert, um sie ge-meinsam zu besprechen.

Ein Fullflight-Simulator bedeutet für die beiden fliegenden Piloten nicht nur jeweils mentale Anspannungen und harte Arbeit, sondern bringt auch des Öfteren richtig Fun. Denn nur hier können z. B. mit einer Boeing Rollen (!) geflogen werden, was auch so manches Mal, wenn noch Zeit ver-bleibt, in Anspruch genommen wird. Ob es tatsächlich im realen Leben

funktionieren würde? Dabei scheiden sich die Geister. Fest steht nur, dass diese Aktion mit einem Flugzeug nicht einmal Boeing-Testpiloten ge-wagt haben. Die Flugzeugzelle hätte wohl kein Problem mit der Belastung, nur steigt bei dieser Aktion das Risiko von Engine Stalls (Strömungsabriss am Verdichter) unverantwortlich an. Beidseitiger Motorausfall, wenn die Maschine auf dem Rücken fliegt? Wirklich nicht zu empfehlen!

Allerdings konnte ich ein bewusstes beidseitiges Abstellen der Motoren in einem Simulatoranflug auf Stuttgart bereits in einer früheren SIM Mission live miterleben. „Das schafft er nie", dachte ich noch und rieb verwundert meine Augen, als der Kapitän die noch viel zu große Höhe mit einem 360 Grad Vollkreis und im Endanflug mit einem Sideslip (Querruder voll links/Seitenruder entgegengesetzt voll rechts – oder umgekehrt) abbau-te, um den schweren „Segelflieger" auch noch sauber auf die Bahn zu setzen.

Simulator-Missionen zeigen sehr deutlich, wodurch die relativ hohen Pilotengehälter mehr als gerechtfer-tigt sind. Cockpitcrews werden nicht nur für den normalen Flug von

A nach B bezahlt, sondern primär für den Wenn-Fall. Vorausschauend denken und planen sowie im richtigen Moment das Richtige zu tun und möglichst nie die Nerven zu verlieren, lautet daher die Prämisse.

> Sie können dieses großartige Erlebnis, in einem LFT Simulator fliegen zu dürfen, sogar käuflich erwerben.
> Infos unter: www.proflight.de

Wenn über Fullflight-Simulatoren geschrieben wird, dürfen die beiden nachfolgenden Bilder nicht fehlen. Sie demonstrieren eindrucksvoll die allerersten Bemühungen der Pilotenschulung am oder im Simulator.

> Infos zur Flugsimulation am PC zu Hause unter: www.fsc-ev.de
> oder: www.simflight.de
> www.aerosoft.de

In den fünfziger und sechziger Jahren startet der Pilotennachwuchs auf den damaligen Linktrainern in Bremen.

Fotos © Lufthansa

Im Jahr 1928 beginnt die Lufthansa mit der systematischen Ausbildung der Flugzeugführer im Blind- und Instrumentenflug.

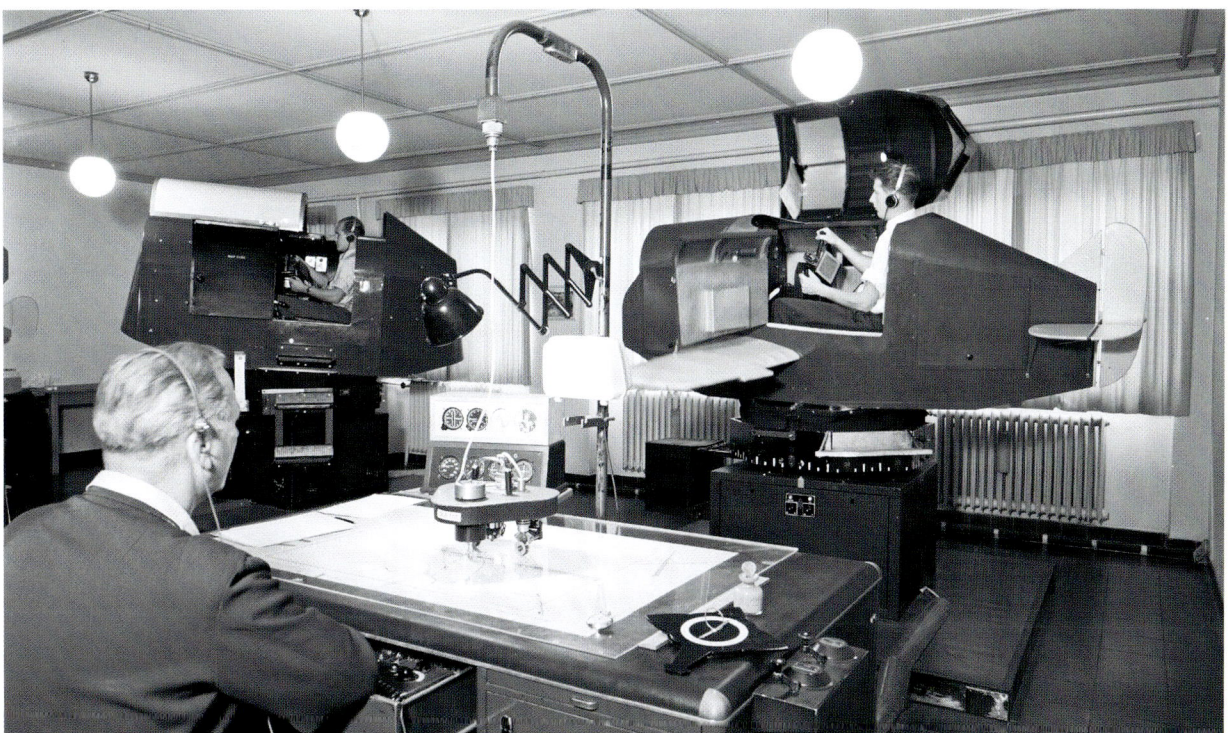

Boeing B767

Bestseller aus Seattle

Hier nun ein kurzer Rückblick über die Entwicklung und Entstehung der B767 Bestseller-Reihe des amerikanischen Herstellers Boeing.

Die wesentlich größere B747 – besser bekannt als Jumbo-Jet – wurde Anfang 1970 mitten in der schweren Ölkrise in Dienst gestellt. Flugzeugkerosin verteuerte sich während dieser Phase dramatisch, und einige Fluglinien hätten damals gerne ihre Bestellungen über den in den sechziger Jahren entwickelten Riesenvogel annulliert, oder zumindest reduziert. Boeing wurde deutlich vor Augen geführt, dass es sehr viel Sinn machen würde, über ein Projekt nachzudenken, kleinere und Treibstoff sparende Flugzeuge, aber mit ähnlich großer Reichweite zu entwickeln. Zahlreiche Ideen mit mehrmotorigen Exemplaren und unterschiedlichster Kabinengröße entstanden. Da auch die B707 (als kleinerer Langstreckenvorgänger der B747) bereits in die Jahre kam und ihre Ausmusterung in absehbarer Zeit zu erwarten war, entstand zumindest in den Köpfen der Ingenieure eine neue Flugzeugfamilie. Als Startschuss für das B767-Projekt galt die United Airlines Erstbestellung vom 14.7.1978 über 30 Maschinen des Typs B767-200. Am 4.8.1981 war es so weit. Die erste B767 verließ die

Eine B757-200 in Formation mit zwei B767-300 in ehemaliger Lackierung.
© Condor

Montagehalle und am 26.9.1981 konnte das aufwändige Testflug-Programm nach erfolgtem Jungfernflug beginnen. Japan Airlines löste am 29.9.1983 mit ihrer Bestellung die Produktion für eine um 6 $^1/_2$ Meter verlängerte B767-300 aus, die sich im Januar 1986 erstmals in die Luft erhob. Condor ist im Besitz von 9 Maschinen des nochmals weiter entwickelten Typs B767-300ER (Extended Range). Hierbei handelt es sich um eine Variante mit moderneren und somit leistungsfähigeren Triebwerken und zusätzlichen Wingtanks, um die Reichweite um weitere 500 Meilen zu erhöhen. Gleichzeitig wurde das maximale Abfluggewicht um weitere 12 Tonnen auf über 184 Tonnen erhöht.

Bis zum heutigen Tage ist die B767-200- und 300-Serie mit weit über tausend verkauften Exemplaren eines der erfolgreichsten Langstreckenflugzeuge am Markt geworden. Mitte 1999 wurde die nunmehr letzte Variante der 767-Familie eingeführt. Als eine nochmals verlängerte und rundum modernisierte Version verließ die B767-400 die Boeing-Werkshallen, entpuppte sich aber bis heute als Ladenhüter, da nur wenige Exemplare verkauft werden konnten. Unsere B767-300ER D-ABUH wurde fabrikneu am 23.09.1994 von Condor in Dienst gestellt.

Ende 2009 verzeichnete die D-ABUH 77700 Flugstunden und rund 12100 Flüge.

B767-300
© Fabricio Jiminez

B757 mit Jubiläumsbemalung
© Condor

50 Jahre Condor
Condor, Thomas Cook oder Thomas Cook powered by Condor?

Die korrekte Bezeichnung des Flugbetriebes von Thomas Cook Deutschland lautete seit dem Frühjahr 2003 „Thomas Cook powered by Condor".

Condor ist und bleibt aus Deutschland heraus die wichtigste Fluglinie des neuen europäischen Thomas Cook Reisekonzerns und erhält aber aufgrund der deutschen Markentreue ihren Namen Condor im Mai 2004 wieder zurück.

Blicken wir chronologisch auf einige Highlights der Geschichte zurück:

Der Name Condor – in Anlehnung an den größten flugfähigen Vogel der Erde, den Andenkondor – fand bereits im Jahre 1927 bei der brasilianischen Lufthansa Tochtergesellschaft „Syndicato Condor Ltda" seinen Ursprung.

Als Airline der ersten Stunde wurde sie damals bekannt, da gemeinsam mit Lufthansa der Aufbau des Luftverkehrs über den Südatlantik maßgeblich mit gestaltet und etabliert wurde. In Südamerika gilt ein Kondor als Symbol für Kraft und Gesundheit. Als Greifvogel mit deutlich über drei Metern Flügel Spannweite besitzt er bei guten thermischen Bedingungen die enorme Fähigkeit bis in Reiseflughöhen großer Jets von 8000 Metern Höhe aufzusteigen. Auch sein Lebensalter zwischen 40 und 80 Jahren liegt deutlich über dem Durchschnitt seiner Artgenossen. Ein faszinierender Vogel mit großer Symbolkraft also, der nicht nur hoch hinaus will, sondern auch noch sehr alt werden kann. Wenn das nicht beste Voraussetzungen für den Namen einer Airline sind.

1955 Am 21. März wird die heutige Condor als „Deutsche Flugdienst GmbH" gegründet. Es ist das Jahr der Wiederzulassung des deutschen Luftverkehrs und der Neugründung der Lufthansa.

Die vier Gesellschafter sind Norddeutscher Lloyd (27,75 %), Hamburg Amerika Linie (27,75 %), Deutsche Lufthansa (26 %) sowie die Deutsche Bundesbahn (18,5 %).

Die Flotte besteht aus drei zweimotorigen Propellerflugzeugen des englischen Typs Vickers Viking mit je 36 Sitzplätzen.

1956 Am 29. März beginnt der touristische Flugbetrieb mit einem Pilgerflug ins Heilige Land.

1957 wird die Flotte kräftig erweitert. Fünf zweimotorige Flugzeuge des amerikanischen Typs Convair 240 mit je 40 Plätzen und eine vierte Vickers Viking kommen hinzu.

1959 übernimmt die Deutsche Lufthansa AG 95,5 % des Kapitals.

1961 kehrt mit der Übernahme der „Condor Luftreederei" des Hamburger Oetker Konzerns der alte traditionsreiche Name „Condor" in die Lufthansa-Familie zurück. Sukzessive werden ab November die älteren Convair-Modelle durch neue Turboprop-Flugzeuge des Typs Vickers Viscount 814 ersetzt.

1962 hat Condor an der gesamten deutschen Flugtouristik einen Anteil von 63,3 %! Ein bis in heutige Zeiten einmaliger Spitzenwert.

1965 beginnt das Jet-Zeitalter bei Condor. Die erste Boeing B727-100 wird in Dienst gestellt. Neben vier Vickers Viscount stehen auch noch zwei Fokker F-27 in der Flotte.

1966 werden die ersten Langstreckenflüge nach Bangkok, Ceylon, Kenia und zur Dominikanischen Republik angeboten.

1967 erhält Condor eine B707 für Langstreckenflüge und gleichzeitig auch die Verkehrsrechte für Flüge in die USA. Genutzt werden sie aber erst ab 1972.

1969 wird das Propellerzeitalter bei Condor endgültig abgeschlossen. Die Flotte besteht nun aus sechs B727 und drei B737. Auf der Langstrecke kommt eine B707 sowie zeitweise eine McDonnell Douglas DC-8 zum Einsatz.

1971 setzt Condor als erste Ferienfluggesellschaft den so genannten Jumbo-Jet – ein Großraumflugzeug vom Typ B747-200 – ein.

1973 liegt Condor mit einem Umsatz von 291 Millionen DM weltweit an der Spitze aller Chartergesellschaften. Die reine Boeing-Flotte besteht nunmehr aus 14 Flugzeugen. Zwei B747, zwei B707 und zehn B727.

1979 wird die Flotte umstrukturiert. Die beiden B747 werden im Hinblick auf eine flexiblere Einsatzplanung gegen drei McDonnell Douglas DC-10-30 ersetzt.

1985 setzt Condor als erste Ferienfluggesellschaft den Airbus A310 ein, und ein Jahr später werden rund 400 Millionen DM in die weitere Modernisierung der Flotte investiert. Ein vierter A310 und fünf B737-300 kommen hinzu.

1990 bildet sich im vereinten Deutschland ein Markt für Flugpauschalreisen. In der Hochsaison werden 22 Flugzeuge mit insgesamt 4385 Sitzen eingesetzt. Der erste Jet vom Typ B757 wird in die Flotte aufgenommen.

1991 Das letzte Jahrzehnt des 20. Jahrhunderts beginnt für die Luftfahrt mit den Auswirkungen des Golfkrieges. Die meisten Airlines beklagen 1991 hohe finanzielle Verluste. Condor befindet sich in der Phase einer umfangreichen Flottenerneuerung mit dem Ziel, eine reine Boeing-Flotte der Typen B767-300ER und B757-200 einzusetzen. Geordert werden neun B757 und acht B767. Die neuen Flugzeuge, mit einem Investitionsprogramm von über zwei Milliarden DM, dienen der Kapazitätserweiterung, die der Markt in den neunziger Jahren verlangt. Die B757 werden vom Tochterunternehmen Südflug eingesetzt, welches am 8. April 1990 den Flugbetrieb aufnahm. Südflug ist der künftige Produktionsbetrieb von Condor und liefert im Rahmen eines Werkvertrages Flugleistungen an sein Mutterunternehmen.

1992 wird Südflug bereits wieder in die Condor Flugdienst GmbH zurück integriert.

1994 schließt Condor als das erfolgreichste Geschäftsjahr in der fast 40-jährigen Unternehmensgeschichte ab. Sie stabilisiert ihren Marktanteil bei 25 % (neue Bundesländer 35 %) und unterstreicht die Position als führende Ferienfluggesellschaft in Deutschland.

1995 Übernahme der von Lufthansa gehaltenen Anteile (40 %) an der türkischen Charterlinie Sun Express. Es

© Fabricio Jiminez

werden zwei weitere DC-10-30 von Lufthansa übernommen, und somit stehen 5 DC-10, 4 B737, 9 B767 und 18 B757 zur Verfügung.

1996 Mit einer ungewöhnlichen Geburtstagsüberraschung wird das 40-jährige Firmenjubiläum gefeiert. Eine vom amerikanischen Maler James Rizzi gestaltete B757 wird als fliegendes Kunstwerk jahrelang Passagiere zu ihren Urlaubszielen bringen. Condor hat damit als erste deutsche Fluggesellschaft eine Sonderlackierung durch einen renommierten Künstler realisieren lassen. Condor bestellt auch als Erstkunde zwölf B757-300 und gibt Kaufoptionen auf zwölf weitere Maschinen dieser verlängerten B757 an Boeing ab. Das Gesamtpaket hat ein Investitionsvolumen von einer Milliarde DM.

1997 Die Reiseveranstalter Kreutzer Touristik/Fischer Reisen und Air Marin werden vollständig übernommen sowie an Öger Tours eine zehnprozentige Beteiligung erworben. Deutsche Lufthansa AG und Karstadt AG werden künftig ihre touristischen Aktivitäten in einer gemeinsamen Holding bündeln. Die Aufsichtsräte beider Unternehmen haben am 18. September 1997 die Gründung einer gemeinsamen Holding unter dem Arbeitstitel C&N Condor & Neckermann Touristik AG zum 1.11.97 beschlossen.

„Neckermann macht's möglich." Ziel der neuen Allianz ist die Bildung eines dauerhaft leistungsfähigen Reisekonzerns in einem durch immer härter werdenden Wettbewerb geprägten Umfeld.

1998 Anfang des Jahres gründet Condor eine 100%ige Tochtergesellschaft „Condor Berlin GmbH" mit Sitz in Berlin. Die Flotte wird ausschließlich aus modernen Airbus A320-Flugzeugen mittlerer Größe mit 174 Sitzplätzen bestehen. Deutsche Lufthansa AG und Karstadt AG geben jeweils 90 % ihrer Anteile an der Condor Flugdienst GmbH bzw. der NUR Touristik AG (Neckermann) zum 01. Januar in die neu gegründete Thomas Cook AG. Die restlichen 10 % von Condor und NUR verbleiben bei den jeweiligen Muttergesellschaften. Lufthansa und Karstadt halten je 50 % an der Thomas Cook AG.

1999 übernimmt Condor als weltweit erste Fluggesellschaft die neue B757-300 in der Version mit 252 Sitzen. Auch dieses Modell wird wieder mit der bei Passagieren sehr beliebten Außenkamera für Start und Landung geliefert. Aufgrund des einheitlichen Cockpits aller drei Boeing-Muster in der Flotte können die Piloten auf allen drei Typen eingesetzt werden. Der achte Airbus A320 wird an Condor Berlin ausgeliefert

und dort nach nur eineinhalb Jahren bereits der ein-
millionste Fluggast begrüßt.

2000 wird durch die C&N Touristik AG das französische
Reiseunternehmen „Havas Voyages" übernommen.

2001 Condor Berlin erhält vier weitere A320, auf nun insgesamt zwölf Flugzeuge dieses immer noch modernsten Kurzstreckenflugzeuges.

Für einen entspannten Aufenthalt an Bord wird die
Comfort Class in den B767 neu gestaltet. Im Vordergrund stehen verbesserte Sitze mit einem deutlich
vergrößerten Sitzabstand und ein Bordunterhal-
tungssystem mit portablen DVD-Playern. Die Stiftung
Warentest zeichnet Condor mit dem Titel „Beliebtes-
te deutsche Ferienfluggesellschaft" aus. C&N übernimmt komplett die britische Thomas Cook Holding
und steigt europaweit zum zweitgrößten und weltweit zum drittgrößten Reisekonzern auf.

2002 Thomas Cook wird zur ersten durchgängig internationalen Touristikmarke. Dieses Ziel hat sich der
zweitgrößte Touristikkonzern Europas im Rahmen der
Weiterentwicklung seiner internationalen Marken-
strategie gesetzt. Das bedeutet: Thomas Cook wird
auch in Deutschland als Veranstalter eingeführt, und
die Ferienfluggesellschaften sollen mit einem neuen
Design zum Imageträger werden. Im Juni 2002 star-
tete als erste aller Condor-Flugzeuge eine B767-300
in der neuen Lackierung. Bis zum Beginn der kom-
menden Sommersaison im April 2003 sollen alle Ferienflieger der Condor im neuen Design von Thomas
Cook abheben und diesen Namen künftig in alle Welt
tragen. In Deutschland erhalten die Flugzeuge der
Condor und Condor Berlin nach und nach die neue
Bemalung. Auf dem Rumpf der Maschinen erscheint
künftig der Schriftzug „Thomas Cook", und auf dem
Leitwerk wird das Thomas-Cook-Logo zu sehen sein.

2003 Ab April 2003 heben alle Ferienflieger der Condor im
neuen Design ab (was nicht nur vielen Condor-Mit-
arbeitern an Bord und am Boden alles andere als
leicht fällt). Der Zusatz „Powered by Condor" unterstreicht, dass sich nur der Name ändert. Bewährte
Eigenschaften wie Servicequalität, fliegerische Kom-
petenz und technische Zuverlässigkeit stehen selbstverständlich auch weiterhin unverändert im Vordergrund.

Thomas Cook plant eine Kapazitätsreduzierung aufgrund der anhaltenden Absatzschwierigkeiten, mit
denen sich alle Airlines konfrontiert sehen. Auslöser

sind neben dem 11. September 2001 auch die Lun-
genkrankheit SARS, der Irak-Krieg sowie die anhaltende Konjunkturflaute in Deutschland. Das wohl mit
unruhigste Jahr in der langjährigen Firmengeschich-
te findet im November 2003 mit einem Wechsel der
Geschäftsführung einen vorläufigen Höhepunkt. Die
zukünftige Ausrichtung des TC-Konzerns kommt
erneut auf den Prüfstand. Aufgrund der notwendig
gewordenen Kapazitätsanpassungen werden ab dem
Jahreswechsel 12 von 13 B757-200 die Flotte verlassen und an ein russisches Leasingunternehmen verkauft.

2004 mehren sich die Anzeichen für eine Trendwende,
um in wieder ruhigeres Fahrwasser zu gelangen.
Es wird eine Neuausrichtung initiiert. Mit großer
Erleichterung nehmen die 'Condorianer' die Rückkehr
zum Namen Condor auf. Die neue Condor ist wieder
da. 'Wieder' soll unterstreichen, dass Condor zwar an
die Erfolge ihrer nun knapp 50-jährigen Geschichte
nahtlos anknüpft, aber 'neu' mit neuer Ausrichtung
und mit neuen Inhalten an den Start geht. Als erste
deutsche Airline bietet die neue Condor auch auf der
Langstrecke besonders günstige Preise an.
Um das Einzelplatzgeschäft stärker anzukurbeln,
wurde eine völlig neue Internet-Plattform unter
www.Condor.com kreiert.

2005 Condor Berlin wächst um einen weiteren Airbus A320
und betreibt nun eine Flotte von 13 Flugzeugen dieses Typs.

2006 Die Condor Flugdienst GmbH feiert im März ihren 50.
Geburtstag. Im Jubiläumsjahr 2006 schickt Condor
eine fliegende Liebeserklärung in die Welt: Die einzigartig gestaltete Boeing 757-300 mit dem Namen
"Willi", benannt nach Wilfried Meyer, der 30 Jahre
lang das Gesicht der Condor entscheidend prägte.
Highlights sind die überlebensgroße Fliege auf dem
Leitwerk, das Motto "Wir lieben Fliegen" sowie die
bunten Herzen.

Am 16. Oktober begrüßt Condor den 150-millionsten
Gast seit 1956 an Bord.

2008 Fernreisende können sich bei Condor auf ein ganz
neues Fluggefühl freuen: Im Rahmen der Kabinener-
neuerung der Boeing 767-Langstreckenflotte wird
zusätzlich zur regulären Economy Class eine neue
Premium Economy Class eingeführt. Im Vergleich zur
normalen Economy Class bietet sie 15 Zentimeter
mehr Beinfreiheit. Der Sitzabstand beträgt 91,4 Zentimeter und der Service umfasst eine umfangreiche

Hin und weg für den guten Zweck. Condor fliegt im Jahr 2010 für Luftfahrt ohne Grenzen mit einer 'Peanuts' Sonderbemalung zum 60.Geburtstag von Charlie Brown. Weitere Infos über www.Condor.de

© Stephan Kruse

Bordverpflegung mit Premium Menüs und viele weitere Extras. Auch die Comfort Class wurde neu gestaltet. Neben überarbeiteten Sitzen bietet Condor in der Comfort Class portable DVD-Player mit schwenkbaren 10-Zoll-Bildschirmen.

Mit der Condor Technik GmbH wird am Frankfurt Flughafen ein eigener Technikbetrieb für die hoch qualifizierte Wartung der Condor Boeing-Flotte gegründet.

2009 Condor stattet ihre Boeing 767-Langstreckenflugzeuge mit neu entwickelten aerodynamischen Winglets aus. Siehe Bild oben.

Mit der Tragflächenverlängerung um zwei Meter werden die Flugzeuge leiser, der Kerosinverbrauch und somit der Emissionsausstoß werden verringert. Die Treibstoffeinsparung pro Flugzeug und Jahr liegt bei rund 1.300 Tonnen Kerosin, da durch die verbesserte Aerodynamik die Reiseflughöhe schneller erreicht und während des Fluges sowie beim Landeanflug weniger Schubkraft benötigt wird. Condor ist in Deutschland die erste Fluggesellschaft, die mit den neuen großen Winglets fliegt. Im Mai 2009 geht das erste Flugzeug mit Winglets an den Start. Ab der ersten Jahreshälfte 2010 fliegt die gesamte Boeing 767-Flotte mit den treibstoffsparenden Tragflächenverlängerungen.

Im Jahr 2011 feiert Condor wieder Geburtstag.

Happy Birthday!

55 Jahre jung und noch immer voller Tatendrang...

Stichwortverzeichnis

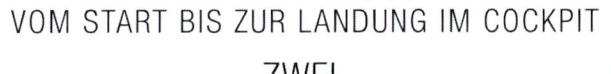

Luftfahrt ist unsere Leidenschaft

Oldtimer - Flugzeugbau - Luftfahrtgeschichte

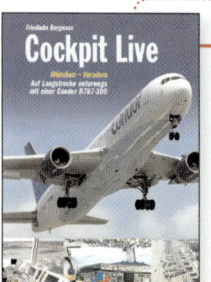

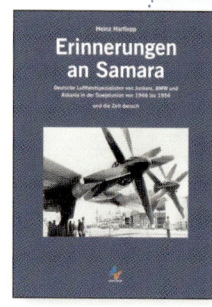